国家电网有限公司
生物多样性管理与价值创造
浙江卷

国家电网有限公司　编

中国电力出版社
CHINA ELECTRIC POWER PRESS

图书在版编目（CIP）数据

国家电网有限公司生物多样性管理与价值创造. 浙江卷 / 国家电网有限公司编. —北京：中国电力出版社，2022.5

ISBN 978-7-5198-6364-7

Ⅰ. ①国… Ⅱ. ①国… Ⅲ. ①电力工业–工业企业–生物多样性–项目管理–研究–浙江 Ⅳ. ①F426.61 ②Q16

中国版本图书馆 CIP 数据核字（2021）第 276848 号

出版发行：中国电力出版社
地　　址：北京市东城区北京站西街 19 号（邮政编码 100005）
网　　址：http://www.cepp.sgcc.com.cn
责任编辑：杨敏群　朱安琪
责任校对：黄　蓓　王海南
装帧设计：赵丽媛
责任印制：钱兴根

印　　刷：北京博海升彩色印刷有限公司
版　　次：2022 年 5 月第一版
印　　次：2022 年 5 月北京第一次印刷
开　　本：889 毫米×1194 毫米　16 开本
印　　张：4
字　　数：100 千字
定　　价：58.00 元

前 言

生物多样性是人类赖以生存和发展的基础，是地球生命共同体的血脉和根基。它为人类提供了丰富多样的生产生活必需品、健康安全的生态环境和独特别致的景观文化。2019 年 9 月，中国和《生物多样性公约》（简称《公约》）秘书处共同发布第十五次缔约方大会（COP15）主题："生态文明：共建地球生命共同体"。这一主题顺应了世界绿色发展潮流，表达了全世界人民共建共享地球生命共同体的愿望和心声。

企业是生物多样性保护的重要力量，既是生物多样性的利用主体，也是保护主体。2014 年，《公约》秘书处成立企业与生物多样性全球伙伴关系（GPBB），截至 2021 年，共 21 个国家和地区加入。2021 年，中国成立了工商业生物多样性保护联盟（CBBP），为中国工商业参与生物多样性保护、可持续利用及惠益分享提供交流合作平台。《公约》在近年来的相关决议中，对企业参与要求越来越具体，如强调识别、计量并在适当情况下估算公司对生物多样性和生态系统服务的影响和依赖。

电网行业在规划、建设、检修、运营及电网设备退役之后的全生命周期中的各个环节都与生物多样性紧密相关。国家电网有限公司作为全球最大的公用事业企业，坚决贯彻落实习近平生态文明思想，在认真履行环境责任的同时，一直致力于建设环境友好的绿色电网，将生物多样性保护融入电网建设运维各个环节，积极探索电网保护与动物、植物等不同生物物种，以及沙漠、湿地、森林等不同生态系统的和谐共生之路。

为评估企业对生物多样性的影响和依赖，以及企业开展生物多样性保护的成本效益，2020 至 2021 年，国家电网有限公司首次采用全球领先的自然资本评估方法，分析在电网规划、建设、检修等业务环节的管理实践中企业与自然的影响和依赖关系，对相关指标进行定性、定量和货币化估值及综合价值核算，识别风险和机遇，为企业制定战略、管理或运营决策提供参考。通过评估，国家电网有限公司为同行乃至全球其他行业企业将自然资本纳入企业管理提供了良好的示范与借鉴，也为自然资本评估方法学体系的不断完善提供了实践基础。

应用自然资本评估方法评估企业参与生物多样性保护的效益，是一项具有开创性的工作，当然也不可避免地存在一定的局限性。例如，部分数据在可获取性、准确性、全面性等方面存在困难；部分指标无法进行定量或货币化估值；评估范围尚未覆盖到价值链上下游；影响和依赖实质性分析仅限于内部评估和小范围的相关方意见征询等。企业开展自然资本评估工作必将是一个不断改进的过程，未来随着项目标准化建设的深入，自然资本评估结果将常态化应用于企业参与生物多样性保护决策管理与能力提升，自然资本评估工具将得到更好应用，助力企业可持续发展。

本丛书梳理了中国多个地区在生物多样性保护方面面临的挑战，介绍了国家电网有限公司在当地开展生物多样性保护的实践，并按照《自然资本议定书》标准框架，即"设立框架阶段""确定范围阶段""计量和估算阶段""实施应用阶段"评估国家电网的多个生物多样性保护项目对自然资本实质性影响和依赖及其价值，分析自然资本影响和依赖对于企业现在与未来的风险和机遇。丛书的编写在具体评估技术和方法选择方面具有很强的探索性，限于理论水平，不足之处在所难免，希望读者不吝提出批评和改进意见。

丛书编写组

2022 年 2 月

目录

国家电网有限公司概况

国家电网有限公司（简称国家电网）成立于2002年12月29日，是根据《公司法》设立的中央直接管理的国有独资公司，注册资本8295亿元，以投资建设运营电网为核心业务，是关系国家能源安全和国民经济命脉的特大型国有重点骨干企业。公司经营区域覆盖我国26个省（自治区、直辖市），供电范围占国土面积的88%，供电人口超过11亿。2021年，公司在《财富》世界500强中排名第2位。近20多年来，国家电网持续创造全球特大型电网最长安全纪录，建成多项特高压输电工程，成为世界上输电能力最强、新能源并网规模最大的电网，专利拥有量连续10年位列央企第一。投资运营菲律宾、巴西、葡萄牙、澳大利亚、意大利、希腊、阿曼、智利和中国香港等9个国家和地区的骨干能源网，连续16年获得国务院国资委业绩考核A级，连续8年获得标准普尔、穆迪、惠誉三大国际评级机构国家主权级信用评级。

国家电网的生物多样性保护

生物多样，成就生态之美。生物多样性构建了人类生存和发展的基础，是地球生命 共同体的血脉和根基。作为能源电力领域的骨干央企，国家电网高度重视能源电力发展与生物多样性保护的密切关系， 始终秉持环境友好、资源节约、绿色低碳原则，将绿色发展理念融入电网建设运行全过程，致力千促进生物多样性保护、建设环境友好型电网，积极探索电网与动物、栖物等不同生物物种以及沙漠、湿地、森林等不同生态系统的和谐共生之路。

基千电网在规划、建设、运营维护以及电网设备退役全生命周期对生态环境 可能造成的影响，国家电网注重将生物多样性保护融入企业运营的全流程。在规划选址阶段，优化选址选线，有效避让生态脆弱区域；在科研设计阶段，编制环评报告、水土保待方案，开展环境保护、水土保持设计；在施工建设阶段，积极采用有利于环保的新技术、新工艺、新材料，落实各项环境保护和 水土保持措施，减少施工活动对环境的影响，避免植被破坏和 水土流失；在项目运行阶段认真执行环境保护相关标准，加强污染防治运维管理， 强化技术监晋和环境治理；在设备退役阶段，开展电网废弃物减量化、资源化、无害化处置。

在此过程中， 国家电网根据不同环境条件探索出了大量创新的解决方案：在青海， 根据高原鸟类活动习性和迁徙路线搭建 “生命鸟巢” ，变 ”防鸟” 为 ＂ 护鸟” ，大量减少了鼠患，有效保护了三江；原生态环境；在宁夏，与当地政府多方协作，共同 开展治沙、固沙绿化项目，促使输电线路通道形成绿色防护长廊， 改变了地表蚀积状况， 丰富了地表生物多样性……

截至 2021 年，国家电网已在全国各地因地制宜地探索出二十多个生物多样性保护项目，这些项目涉及鸟类多样性保护、沙漠化治理、山地生态保护、林区生态保护、 湿地生态保护、水生态保护和岛屿生态保护等多个领域，项目的出发点已从电网保护转变为与生态环境和谐共生，项目开展也从被动转变为主动、自发并且更有计划， 可复制性高。

为实现 2030 年前碳达峰、2060 年前碳中和的目标，中国正在酝酿一场广泛而深刻的系统性变革，加快能沥电力转型发展迫在眉睫。 国家电网正在加决推动构建以新能洒为主体的新型电力系统， 促进气候环境治理和生态资洒保护，推动绿色低碳可持续发展，以持续之道，创多样之美，为促进全球生物多样性保护、 共建万物和谐的美丽家园贡献力罡。

天然“绿肺”养成记

——浙江杭州西溪湿地生态保护自然资本评估

国家电网在杭州的主营业务为城市电网规划、建设、运营和电力供应，为杭州经济发展提供安全、可靠、优质电力供应。截至2020年年底，国网浙江省电力有限公司杭州供电公司（简称国网杭州供电公司）下辖8家县供电公司和4家城区供电公司，供电区域16596平方千米，覆盖全市480万电力用户，电网规模占全省1/5，在全国省会城市中排名第二。2020年，国家电网全年供电量为763.4亿千瓦时，全域供电可靠性指标达到99.9889%。

杭州市位于浙江省北部，长江三角洲南翼，杭州湾西端，市区地处钱塘江下游，中国大运河南端。全域介于东经118°20′—120°37′和北纬29°11′—30°34′，属亚热带季风性气候，四季分明，全年光照充足、降水丰沛，水资源丰富。全市土地面积16850平方千米（根据第二次土地利用调查），其中市区土地面积8289平方千米。截至2020年年末，全市森林覆盖率达66.84%，位居全国省会城市、副省级城市首位。作为浙江省的省会城市，杭州不仅是全省的经济、文化和科教中心，也是长江三角洲中心城市、“丝绸之路经济带”“21世纪海上丝绸之路”的延伸交点，以及“网上丝绸之路”的战略枢纽城市。

2021年两会上，“碳达峰、碳中和”被首次写入政府工作报告，表明中国在温室气体减排工作上的信心和决心。在这一时代背景下，国网杭州供电公司依托“四个革命、一个合作”的能源安全新战略，当好积极服务实现“碳达峰、碳中和”目标的“引领者”“推动者”“先行者”，聚焦浙江创建国家清洁能源示范省行动，奋力打造国家电网战略目标落地先行示范窗口，充分发挥龙头企业的引领作用，带动产业链、供应链上下游，共同推动能源电力从高碳向低碳、从以化石能源为主向以清洁能源为主转变，积极构建清洁低碳、安全高效的能源体系，并由此探索出了一套独具特色的“杭州模式”。在能源经济的运行方式上，国网杭州供电公司不断探索，推动网源协调发展和调度交易机制优化。市场化的“绿电交易”就像一双看不见的手，将清洁能源发电企业和用电客户牵在一起。未来，在浙江高质量发展、建设共同富裕示范区的新阶段，源源不断的绿色能源将不断注入，国网杭州供电公司将助力绘就一幅山青、水绿、天蓝、土净的美好生活画卷。

杭州美景（戴翔 摄）

电力工作人员在杭州西溪湿地（鲍巧敏 摄）

杭州西溪湿地概况

杭州西溪湿地位于杭州市西湖区和余杭区西北部，离杭州主城区武林门 6 千米，距西湖不到 5 千米，属亚热带季风气候区，年均降水量为 1400 毫米。由于西溪降水丰富，利于沼泽湿地的形成和发育，加上流域内平原区地势低平，地表径流不畅，且广泛分布的粘性土层阻碍地表水下渗，因而形成大面积湿地❶。湿地内河港、池塘、湖漾、沼泽等水域面积约占总面积的 70% 左右，其中大小滩地 20 处，河流总长 110 多千米，大小鱼塘 2773 个，重叠交错呈“鱼鳞状”。西溪湿地内水网交错，河流重叠，芦苇茂密，水鸟栖息，是典型的江南水乡地貌，也是杭州城区唯一保护较好的河流湿地。历史上，西溪与西湖、西泠并称杭州“三西”❷，被誉为杭州市的“城市之肾”“天堂绿肺”。2009 年，西溪湿地被列入国际重要湿地名录。

截至 2020 年，西溪湿地已记录有维管束植物 711 种、昆虫 898 种、鸟类 193 种，发现国家一级重点保护野生动物 2 种，国家二级重点保护野生动物 23 种，国家二级重点保护野生植物 4 种。由于西溪湿地地形复杂，水田、河塘居多，加之南接西湖山区，内部林木茂盛，吸引了大量的水鸟、林鸟在此安家。其中不乏国家一级重点保护动物白尾海雕、朱鹮，国家二级重点保护动物鹊鹞、凤头鹰、赤腹鹰、黑冠鹃隼、苍鹰、普通鵟、红隼、燕隼和小鸦鹃等。

❶ 程乾，吴秀菊．杭州西溪国家湿地公园 1993 年以来景观演变及其驱动力分析 [J]. 应用生态学报，2006(9): 1677-1682。

❷ 谢宏．亦诗亦画十五载　烟雨西溪金玉碧——浅谈杭州西溪湿地的生态保护和利用之路 [J]. 浙江国土资源，2020(07): 12-13。

延伸阅读 西溪湿地珍稀动植物代表

朱鹮

朱鹮是鹮科朱鹮属动物，古称朱鹭、红朱鹭，是东亚特有种，其体型中等，成鸟全身羽色以白色为基调，但上下体的羽干以及飞羽略沾淡淡的粉红色，尤以初级飞羽的粉红色较浓，后枕部有长的柳叶形羽冠，额至面颊部皮肤裸露，呈鲜红色；繁殖期时用喙不断啄取从颈部肌肉中分泌的灰色素，涂抹到头部、颈部、上背和两翅羽毛上，使其变成灰黑色。

朱鹮喜欢栖息于海拔 1200~1400 米的温带山地森林和丘陵地带，在邻近的水稻田、河滩、池塘、溪流和沼泽等湿地环境内涉水，漫步觅食小鱼、蟹、蛙、螺等水生动物，兼食昆虫；在高大的树木上休息及夜宿；留鸟秋、冬季成小群向低山及平原做小范围游荡；4—5 月开始筑巢，每年繁殖一窝，每窝产卵 2~4 枚，由双亲孵化及育雏，孵化期约 30 天，40 天离巢，性成熟为 3 岁，寿命最长的纪录为 37 年。

朱鹮有“东方宝石”“吉祥鸟”之誉，被列为“国际保护鸟”，曾广泛分布于中国东部、日本、俄罗斯、朝鲜等地，由于生存环境恶化、天敌威胁和自身生物学性质的影响而濒危。1981 年 5 月，在陕西汉中市洋县发现的 7 只野生朱鹮是全球仅存的野生朱鹮种群，经过 40 年的保护和繁育，其数量从 7 只繁衍至 5000 多只，呈现倒金字塔增长，受危等级由极危降为濒危。

2008 年浙江省开始实施朱鹮异地保护与浙江种群重建项目，从陕西引进 10 只朱鹮，在德清下渚湖湿地设立朱鹮种群重建基地，并于 2014 年在下渚湖湿地实施野化放归，共放归朱鹮 33 只。经过多年的努力，浙江朱鹮种群数量不断扩大，现总数已达到 491 只。

离下渚湖不远的杭州西溪国家湿地公园，生态资源丰富、自然景观幽雅、文化积淀深厚，自然条件得天独厚。2021 年，在浙江省林业局的指导和支持下，杭州西溪国家湿地公园牵手德清县下渚湖湿地朱鹮种群重建基地，正式启动西溪湿地朱鹮回归试验。

中华水韭

中华水韭是水韭科水韭属，根状茎短粗，肉质块状，茎内有次生生长结构，茎下密生二岐式分枝的须状不定根。叶呈线形、细弱，多汁草质，底部黄白色，上部绿色，长 15~30 厘米，粗 1~2 毫米，密生于鳞茎上。在叶的全长上纵贯 4 个通气沟，中间有横膈膜隔开。中华水韭具有发达的通气组织，这是它适应水生环境的重要特征之一❸。

中华水韭是中国特有濒危水生蕨类植物，分布于中国江苏（南京）、安徽（休宁、屯溪和当涂）、浙江（杭州、诸暨、建德及丽水）等地，喜温和湿润气候，主要生长在浅水池

---

❸ 彭旻晟，刘虹，王青锋. 中华水韭 [J]. 生物学通报，2005(11): 16。

塘边和山沟淤泥土上，土壤有机质含量丰富，pH 值 6~6.5。主要伴生植物有节节草、糯米团、莲子草、水蓑衣及鳢肠等。

水韭属是水韭科中唯一生存的遗属，在分类上被列为小型叶蕨类，但它既不同于其他成员如石松、卷柏、木贼，也不同于其叶长而成线形，没有复杂的叶脉组织的种类，因此被认为是植物界的大熊猫，是出现于数亿年前的活化石，名列中国第一批公布的 50 多种一级重点保护野生植物名单，为中国特有的物种，极度濒危，具有很高的学术研究价值。

作为中国第一个集城市湿地、农耕湿地、文化湿地于一体的人工次生湿地，西溪湿地与其他湿地最大的不同就在于其充分体现了人与自然的和谐共生，在这里人类的存在是自然生态中至关重要一环。

西溪湿地的历史非常悠久，历史上曾被称为河渚，占地约 60 平方千米，然而由于经济发展过程中产生的水体污染和土地侵占问题，西溪湿地的生态环境曾一度恶化。2002 年杭州市委市政府做出实施西溪湿地综合保护的决策，杭州市第九次党代会把实施西溪湿地综合保护工程列入了"十大工程"。2003 年 8 月，在时任浙江省委书记习近平的倡导和支持下，西溪湿地综合保护工程启动。整个西溪湿地综合保护工程本着"生态优先、最小干预、修旧如旧、注重文化、以民为本、可持续发展"的原则实施。整个工程分三期进行，一期工程规划面积 3.46 平方千米，投资 21 亿元，主要目标是生态环境的修复，包括水质改善，建筑拆迁，基础设施完善，文化遗产抢救等，主要任务是搬迁农居 573 户，在湿地内保护和恢复秋雪八景、两浙词人祠、芦荻秋雪、百家楼（太平天国驻地）、秋雪庵、西溪草堂、龙舟竞渡、西溪探梅、茭芦庵、曲水庵、河渚芦花等历史文化遗存❹；二期工程规划面积 4.89 平方千米，投资 36 亿元，主要目标是生态修复和景点修复，突出西溪湿地的生态、人文、科普三大功能，保留了合边港、包家城约 2 平方千米的一级生态保护区，恢复和新建了杭州湿地植物园、绿堤、福提、千斤漾、莲花滩观鸟区、高庄、河渚古街、洪钟别业等景观❺；三期工程规划面积 3.15 平方千米，投资 43.14 亿元❻，主要目标是景区建设，突出五常洪氏文化特色和农耕文化韵味，主要景点有洪氏文化园、西溪大众休憩区及寿堤两侧游览线❼。

如今的西溪湿地是由东部湿地生态保护培育区、中部湿地生态旅游休闲区和西部湿地生态景观封育区三部分组成。经过 5 年的综合保护治理，西溪湿地的自然生态得以大幅恢复。最明显的就是水体从 2005 年开园之前的劣Ⅴ类提升到了总体Ⅲ类，核心区域Ⅱ类；其次是生物多样性显著增加，维管束植物增加了 490 种，昆虫增加了 421 种，鸟类增加了 114 种。2021 年 3 月，习近平总书记前往杭州西溪国家湿地公园，考察调研西溪湿地的保护利用情况，并强调，生态保护为主，在生态保护的基础上，适度开

❹ 许小富 . 杭州年鉴 2004[M]. 北京：方志出版社，2004。
❺ 许保水 . 杭州年鉴 2008[M]. 北京：方志出版社，2008。
❻ 许保水 . 杭州年鉴 2009[M]. 北京：方志出版社，2009。
❼ 李澍田 . 杭州西溪湿地的综合保护实践 [J]. 建筑工程技术与设计，2018(07): 4402。

发推动旅游，旅游不能牺牲生态。自 2005 年杭州西溪湿地公园开园以来，累计入园游客达 4500 万人次，经营收入 22 亿元，实现了投入和产出的良性循环机制，有效确保了公园的可持续发展。

电力工作人员开展电网维护工作（奚琪城 摄）

延伸阅读 关于湿地

什么是人工次生湿地?

人工次生湿地一般是指对天然湿地的生态系统构件进行一定程度的改造，使其适合于人类需求的、受人与自然双重主导控制的湿地生态系统。因此，人工次生湿地也被称为半人工湿地，其突出特点主要表现在两个方面：① 有特殊的人为目的性，通常用于观赏、食物生产、获取水产品等用途；② 强调同时兼备先天的自然成因和后天的人为成因，受人为因素与自然因素的双重影响[8]。相比一般的自然湿地或者原生湿地，人工次生湿地生态系统的形成、演化与消亡均相对较快，不稳定程度较大。湿地的植物群落虽然有一定的水平空间结构与垂直空间分布，但人为干扰影响明显，存在人工定向培育为主的生物种群，如选种、除草等，在自然土壤或自然成土基质上经人工干扰而形成的人为土，如水稻土、塘底泥。

人工次生湿地由人类活动改造而成，因此有人类活动的湿地地形区就可能有人工次生湿地存在。人工次生湿地从地貌角度看，主要分布于平原与丘陵地区；就人类活动状况而言，主要分布于城镇及农村居民点附近。人工次生湿地的生物资源主要是鱼、虾、蟹等经济类水产动物资源，以及稻、藕、菱等经济类植物资源，这些生物资源带有明显的

[8] 邱彭华，徐颂军，谢跟踪，等．自然湿地、人工次生湿地与人工湿地比较分析 [J]. 海南师范大学学报（自然科学版）, 2010, 23(02): 209-213+231。

人为经济利益选择取向，与自然湿地相比，种类相对贫乏，但单种产量较高。除经济效益之外，不少人工湿地和人工次生湿地往往还作为重要的景观资源，成为旅游风景区。

1600 多年前，西溪湿地是原生湿地，有各种原生态低级植被。经过人类 1600 年来的干预，它成为典型的次生湿地。先辈们在湿地上开荒种地，围塘养鱼，沿塘种树，已经改变了原生的湿地地貌，形成了新的平衡的次生湿地生态系统。这样的生态系统不像原生生态系统那样完全排斥人的介入，在合理的尺度内人的活动不会干扰次生湿地生态系统的恢复。

湿地承载力

湿地承载力是指在一定时期一定条件下，湿地生态系统对外部环境和承载客体所具有的承受能力，从而保持系统结构和功能得以恢复或发展[9]。湿地承载力因认识与理解的角度不同、突出的重点不同，可分为湿地资源承载力、湿地环境承载力和湿地生态承载力。

湿地资源承载力强调利用，在湿地承载力系统中，人类以及各种生物的生存发展必须依赖于多种自然资源，湿地资源承载力是湿地生态系统维持稳定与发展的基础。湿地环境承载力强调影响，人和动物在消耗资源的同时又会排出大量废物，为保持湿地生态系统的良性循环，这些废物量需要保持在环境的自净容量允许范围内，因而湿地环境承载力是湿地生态承载力的关键。湿地生态承载力是前两者的综合，强调系统的整体承载能力，突出的是对生命体及其活动的承载能力。作为生命系统特有的自我维持能力，湿地生态承载力表现为当生态系统受到外界干扰或压力作用偏离其稳定中心时而出现的自我调整和自我恢复的能力，在生态学上，这种能力又被称为生态弹性力。由此可见，生态承载力实际上是一种复合承载力。

考虑到湿地承载力有限，杭州西溪湿地国家公园自开园之后，不仅没有大肆招徕游客，增加旅游收入，反而采取了一系列“限客”措施，以湿地水体能自然降解的游客在湿地公园活动所产生的污染量为重要指标，控制旅游人数。游船、游步道等都严格按最高控制游客量设定，尽量减少设施配备对湿地景观的影响。有关部门还通过信息系统随时公布湿地公园饱和“警戒线”，踩线就会采取观光巴士暂时停发等系列措施。如今，整个杭州西溪国家湿地公园瞬时最大游客承载量为 41600 人，日最大游客承载量为 86600 人。

国际重要湿地名录

1971 年 2 月 2 日，来自 18 个国家的代表在伊朗南部海滨小城拉姆萨尔签署了一个旨在保护和合理利用全球湿地的公约——《关于特别是作为水禽栖息地的国际重要湿地公约》(Convention on Wetlands of International Importance Especially as Waterfowl Habitat，又名《拉姆萨尔湿地公约》，简称《湿地公约》)。该公约于 1975 年 12 月 21 日正式生效，截至 2021 年 10 月 10 日，有 172 个缔约方。

---

[9] 邱彭华，徐颂军，谢跟踪，等．湿地承载力分析 [J]. 海南师范大学学报 (自然科学版)，2009, 22(04): 456-461。

《湿地公约》的宗旨是通过各成员国之间的合作，加强对世界湿地资源的保护及合理利用，以实现生态系统的持续发展。截至2014年，《湿地公约》已成为国际重要的自然保护公约之一，1832块在生态学、植物学、动物学、湖沼学或水文学方面具有独特意义的湿地被列入国际重要湿地名录，总面积约1.7亿公顷[10]。列入国际重要湿地名录是一种荣誉，一国列入该名录的湿地越多，说明该国保护意识越强。列入名单的湿地将接受《湿地公约》相关规定的约束，一旦发现湿地生态退化且在规定期限内未得到相应治理，就会被逐出名录。中国的国际重要湿地至今还未被列入过黑名单。作为亚洲湿地类型最齐全、数量最多、面积最大的国家，也是世界上湿地生物多样性最丰富的国家之一，中国自1992年加入《湿地公约》以来，到2020年共有64块湿地被列入国际重要湿地名录中。

杭州夜景（丁豪 摄）

[10] 1公顷=0.01平方千米。

电力工作人员开展电力线路巡视工作（黄翔 摄）

生物多样性保护挑战

西溪湿地水体众多且面积较大，陆地被交错纵横的水体分割，因此呈现出破碎化的态势，这样的湿地特征对供电服务工作提出了新的挑战。一方面，自从 2003 年西溪湿地综合保护工程启动以后，出于对湿地生物特别是鸟类的保护，原电网架空线路需统一改造为地埋线路，而地埋线路的建设需要依靠现有的陆地，湿地陆地破碎的问题就逐渐突显出来。由于西溪湿地内能够满足地埋线路建设的陆地多数为鱼塘塘埂，因此地埋线路的选线建设也是依据鱼塘塘埂的分布和走向进行规划，这大大增加了地埋线路选线规划的困难。另一方面，西溪湿地大面积的水体决定了其环境的潮湿，对于沿着鱼塘塘埂分布的地埋线路来说，这个问题尤为突出。潮湿的环境导致安置地埋线路的管沟土质疏松，而疏松的土质又容易引发管沟开裂、坍塌、移位错位的情况，进而使得管沟阻塞和进水，威胁地埋线路的安全。即便没有上述问题的产生，塘埂两侧水体也会对管沟进行经年累月的侵蚀渗透，特别是在井道，侵蚀导致的渗水状况更为严重，电网故障率提升，供电可靠性下降。

因此，西溪湿地综合保护工程启动之后需要对整个湿地内部和周边的电网设施进行重新规划和建设，考虑在供电服务过程中对湿地生态环境的影响以及应对。在影响方面，湿地内部和湿地周边电网服务一是需要考虑如何控制服务过程中对生态环境的不利影响，包括噪声污染、水体污染，以及电网设施与原有景观的融合等；二是需要考虑电网设施如何应对湿地内的特殊环境，包括环境潮湿、植被密集、生物丰富等。在应对方面，因地制宜，一方面在保护原有地形地貌的前提下完成地埋线路建设，减少故障率，提高供电可靠性；另一方面是如何利用现有的电网设施，避免重复建设和资源浪费。

供电服务工作（包括能效管理、设备运维、电能替代服务）对湿地保护区的影响

影响因素	具体影响	备注
噪声污染	设备运维过程中产生的噪声：湿地保护区内的水生动物及鸟类都有大致固定的噪声耐受阈值。环境噪声超过该阈值，动物会直接受到不可挽回的物理损伤；低于阈值，动物也会因听觉被干扰而改变动作和行为并可能产生更复杂的连锁反应，间接妨碍其生长和繁衍	噪声污染排放达标，未对生物多样性产生实质性影响
水体污染	供电服务工作过程中产生的污水排放：例如，湿地周边变电站运营产生的污水直接排放，容易影响湿地水系的水体质量，威胁水生动植物的栖息环境	污水接入当地污水处理管网排放，未对生物多样性产生实质性影响
景观影响	电网设施对湿地原有景观地貌的改变：电网设施建设对湿地地表植被、生物栖息地和地形地貌的干扰和破坏	施工完成后可对影响进行一定程度恢复

西溪湿地供电服务工作（包括能效管理、设备运维、电能替代服务）难免会对西溪湿地内的自然资源产生影响和依赖，特别是考虑到西溪湿地不仅仅是单一的生态保护区，还有供游客参观游览的开放式景区，因此，需要通过科学的方法，系统分析西溪湿地供电服务工作对自然环境的影响和依赖，以期制定更有针对性的西溪湿地供电服务工作方案，平衡电网运营与生物生存和栖息间的关系，满足经济、社会、环境三方面的协同发展需求。

湿地保护区供电服务对自然资本的影响和依赖

要素	湿地保护区供电服务对自然资本影响 / 依赖
对电网企业的影响	• 提高环境合规成本，包括为适应湿地生物多样性保护投入的技术、人力、时间成本 • 湿地空气湿度大，易腐蚀电网设施，影响输供电安全性和稳定性 • 提升员工生物多样性保护意识并融于电网服务工作中 • 对当前和未来潜在的财务成本或收益产生影响，例如获得责任投资和国家土地审批的潜力 • 提升生物多样性保护意识并融于整个业务运营流程中 • 潜在的法律诉讼风险，如环保公益组织、媒体曝光 • 生态损害赔偿、生态补偿的潜在成本 • 品牌美誉度，媒体正面报告等
对社会的影响	• 影响湿地生态系统（包括对水体、地貌、空气、物种的影响） • 影响生态景观 • 通过媒体宣传、文化活动等提升公众生物多样性保护的意识 • 减少电网故障，提升西溪湿地用电可靠性 • 生态系统服务（包括气候调节、身心愉悦、美学欣赏、休闲娱乐等）所包含的文化、科研和教育价值
对自然资本的依赖	• 土地资源利用

供电服务工作的自然资本风险和机遇出现在多个方面，主要包括运营（电网运营活动、成本费用、生产流程、获得政府关于土地和道路设施的批复以及银行贷款的难易程度等）、合规（在法律和监管层面影响公司绩效的法律法规和公共政策）、财务（在公司财务、预算层面开展的管理内容以及通过股权融资、二级市场进行融资的成本）、品牌形象（包括企业信誉与社区关系、自然教育、媒体正面宣传以及更广泛的社会关系）等。通过梳理国家电网对自然资本的影响和依赖，可以识别自然资本对其可持续发展带来的潜在风险与机遇。

杭州西溪湿地供电服务工作潜在的风险和机遇，主要体现在以下方面。

风险：一是运营过程中的环保纠纷、施工进度受生物多样性保护政策影响；二是合规管控中的环境补偿政策趋严，政府监管日益严格；三是财务管理中的迁地拆迁赔偿金额增加，被动改线追加投资；四是品牌形象中的社区投诉、NGO 组织抗议以及用户抵制。

机遇：推动在电网建设中关注生物多样性问题、改善企业环保合规意识、规避后期经济风险、实现电网跟可持续发展城市的契合和规划的协同、树立生物多样性保护品牌形象。

电力工作人员开展电网维护工作（黄翔 摄）

生物多样性保护实践

2005 年 4 月 30 日，时任浙江省委书记的习近平在西溪湿地开园的贺信中指出，希望进一步做好西溪湿地保护、管理、经营、研究工作，把西溪变得更美，把杭州扮得更靓。同年 8 月，习近平同志首次提出“绿水青山就是金山银山”的理念。2011 年《杭州西溪国家湿地公园保护条例》（简称《条例》）颁布实施，以《条例》为依托，做好“保护、管理、经营、研究”成为西溪湿地生态保护和运营的八字方针。国家电网也从这四个方面着手，为西溪湿地生态治理和保护贡献自己的特殊力量。

保护先行：像“保护眼睛”一样保护西溪湿地

在西溪湿地的生物多样性保护工作上，国家电网坚持双管齐下，从电网规划和建设两方面积极参与配合西溪湿地的环境治理与保护工作，按照《杭州西溪湿地综合保护总体规划（2003—2010）》及西溪湿地综合保护工程具体要求对西溪湿地原有电网进行改造升级，努力达成电网设施优先服务于生态恢复和生物多样性保护，兼顾城市经济发展的双重目标。

科学选线。首先，西溪湿地既有作为生态保护区封闭保护的部分，又有作为景区公园供游客参观游览的部分，且位于城市中心电网密集分布的区域，因此电网选线很难完全绕开湿地。为减少生态保护区电网布设对生物多样性产生的消极影响，国家电网在项目规划阶段选择完全避开生态保护区，主要集中在景区公园进行电网线路的布设。同时，为了避免大型变电站等电网设施挤占湿地空间、威胁生物栖息地，在规划阶段，通过主动增加设备投入成本，积极运用新技术、新设备在满足供电需求的前提下尽可能减少湿地内电网设施的数量，将变电站安置在西溪湿地外围远离保护区的范围内，减少对湿地动植物的影响。其次，针对中部湿地生态旅游休闲区内必要电网的选址选线，考虑到电线塔杆等电力设施对植物生长以及生物活动，特别是鸟类飞行的干扰，国家电网在项目规划伊始就选择了以地埋线路的形式进行电网架设，尽可能减小对湿地生态的影响。在应对西溪湿地气候潮湿、水体丰富、陆地破碎的问题上，国家电网一方面利用已有的线路通道，缩减新建规划的线路长度，减少陆地占用和土方施工；另一方面为电网设备增加加热装置、防潮装置、通信装置，降低设备故障率，从而保证供电稳定性，满足西溪湿地生态保护区的高质量用电需求。

绿色施工。电网建设施工是与西溪湿地生态保护区直接相关的部分，也是生物多样性保护践行落实的关键部分。因此在电网建设问题上，国家电网十分重视电网施工对环境影响的管控。在正式施工前对符合要求的施工单位做进一步的环保宣贯，主要围绕野生动植物保护、土方作业、扬尘控制、土木渣合规处置等生态保护相关问题进行，然后根据项目规划阶段的环境评估要求针对施工过程中的各种影响制定方案。针对施工过程中产生的噪声污染，主要依靠大规模应用消音设备和装置进行降噪工作，例如消音棉、消音百叶窗、消音门等，实现噪声污染达标排放；针对施工过程中产生的污水、废水，工程建设初期就根据规划阶段制定的水土保持方案严格施工，过程中产生的污水达标排放到指定污水管道；针对大型电网设备，如变电站等，建设专门的雨污水处理系统，将其接入当地管网进行有组织排放；针对电网管线布设涉及的土方作业，为了避免电缆管沟开挖对湿地地表植被、生物栖息地和地形地貌的干扰和破坏，国家电网选择采用地下钻机进行钻探的方式建成电缆布线的管沟，最大限度避免对西溪湿地生物多样性的影响。

电网设施和自然景观融入。国家电网将电网设施融入景区的自然景观，尽可能营造生态友好型景观环境，服务生物多样性保护。在项目完工阶段进行电网设施的外立面美化和绿化工作，通过采用通透式围墙、绿化植物的多种选择和组合搭配，设计“花园式”变电站。根据施工尾声阶段电网设施的原址，配合景区绿化要求，制定对植被进行恢复的“复绿方案”，提高绿化率，突出电网设施环境友好型要素，力图恢复生物栖息地的原始生态。

电力工作人员进行高空作业（戴翔 摄）

智慧管理：让服务于湿地保护区的电网变得更“聪明”

提高供电可靠性。由于西溪湿地电网以地埋线路为主，电网发生故障后不仅维修成本高，还难免会破坏湿地原有地形和植被，干扰生物栖息地，威胁生物多样性。为解决西溪湿地潮湿的环境给电网设施带来的侵蚀和干扰，导致电网故障率相对其他地区高的问题，国家电网一方面为原有电网设备增加加热装置，降低电网设施内空气的水分含量；另一方面革新设备，积极采用先进技术。例如，将原有环网柜更换为防水防潮的新型环网柜；对关键电网设备进行全智能化改造，提高对电网信息的了解和采集，实时关注电网设备运行状况；安装一、二次融合环网柜，采用分布式 HDTC 技术，通过实现电网分支线的故障感知和隔离，实现电网故障秒级自愈，减小故障产生影响的范围。

电力工作人员操作新型环网柜（求力 摄）

合理经营：探索湿地保护和能效管理的最大“公约数”

全电景区建设。国家电网积极宣传低碳环保、节约用电的理念，对湿地保护区内游览车、游览船进行全电改造，积极推进全电景区的建设进度，降低游览车和游览船的废弃物排放对空气及水体的污染，缓解对湿地生态环境的压力。

能效管理服务。针对西溪湿地保护区、周边博物馆、风俗村、商铺等用电单位对电力供应的高质量要求，国家电网利用大数据技术对用电状况进行分析，识别不同单位的用电情况差异，提高电力供应的稳定性与可靠性，实现智能配电，满足不同客户的供电需求，保障景区有序运转，减少对生态保护区的负面影响。

电力工作人员检查西溪湿地电动游船供电装置（求力 摄）

开放研究：携手各方探索湿地公园的可持续发展之路

与西溪湿地生态研究中心建立合作。一方面针对研究中心不同区域或设备按需供电；另一方面，结合研究中心对空气、水体等变化情况的监测数据，关注供电服务对于湿地生态状况的影响，研究环境友好的电网建设技术。

电力工作人员巡检电力设施（丁豪 摄）

西溪湿地供电服务的自然资本价值评估

为了量化国家电网在湿地保护区的供电服务等实践产生的生态效益，进一步完善“双西”（即“西湖西溪一体化保护提升”）规划决策并为国家电网以高弹电网建设助力“绿水青山”提供参考依据，国家电网联合杭州西溪湿地经营管理有限公司和杭州西溪国家湿地公园生态研究中心，通过自然资本核算方法对具有实质性的影响和依赖进行定性、定量和货币化评估，将核算研究和相关成果与利益相关方进行披露和沟通，展示国家电网与自然和谐共生的理念与成果。

评估方法、目标

本次评估采用《自然资本议定书》中的方法学，识别、评估国家电网在湿地保护区供电服务中的一系列实践对自然资本的影响与依赖，估算带来的自然资本状态和趋势变化，以定性、定量和货币化的方式评估影响和依赖的价值。

针对西溪湿地的供电服务工作情况，将价值链边界限定在供电服务的直接运营活动，价值链上下游对自然资本的影响和依赖不纳入本次评估范畴。

项目目标受众分析一览表

	目标受众	诉求与期望	参与方式
内部目标受众	国家电网	• 电网设施安全、平稳、高质量运营 • 工程建设绿色环保，环境友好 • 了解电网运营对生物多样性的影响 • 切实履行社会责任，提高国家电网品牌美誉度，提升品牌影响力	• 为项目提供技术、资金等支持 • 将本案例研究成果作为参考纳入企业的经营管理决策
	国网浙江省电力有限公司	• 降低电网运维风险（经济、生态和社会） • 减小电网运维对湿地生态的负面影响 • 增加电网运营对企业自身和社会的净效益	• 为项目提供具体信息和数据支持 • 协助项目实施，进行湿地调研 • 参考本案例经验成果提升环境友好的电网运维能力
	员工	• 工作环境安全 • 人身安全	• 员工参与日常电网运维工作
外部目标受众	杭州市委市政府	• 规避因环境问题造成生态破坏的风险 • 实现生态与经济并重的绿色发展、可持续发展	• 为项目提供政策法规和信息支持 • 作为重要相关方与国网浙江省电力有限公司合作进行生态保护 • 总结项目成功经验作为政府决策参考
	杭州西溪湿地经营管理有限公司	• 电力保障湿地公园正常运营以及节假日等特殊条件下的稳定供应	• 为项目提供具体的信息、数据支持 • 配合进行实地考察、调研
	杭州西溪国家湿地公园生态研究中心	• 电力保障科研工作顺利进行	• 为项目提供科学合理的建议 • 关注项目落实情况及成效
	杭州西溪国家湿地公园内商户	• 电力供应清洁、安全、可靠 • 避免环境问题对自身安全和经营的影响	• 对项目活动进行监督和提出建议
	周边社区及客户（居民、学校、其他企业等）	• 电力带动经济发展 • 电力供应清洁、安全、可靠	• 对项目活动进行监督和提出建议
	游客	• 获得便捷、安全、可靠的电力供应	• 对项目活动进行监督并提出意见建议
	环保 NGO 组织和专家	• 监督电网运维活动，避免对生态环境产生扰动 • 推动当地生态环境保护 • 保障科研活动顺利进行	• 对项目活动进行监督和提出建议 • 作为重要相关方与国网浙江省电力有限公司合作生态保护
	媒体	• 监督电网运维活动，避免对生态环境产生扰动 • 挖掘重大新闻，扩散传播	• 对项目活动进行监督和提出建议 • 作为相关方对省公司生态保护实践进行传播

在自然资本评估研究中，目标受众指的是生物多样性保护实践的参与者和监督者，以及使用评估结果的主要用户。识别目标受众并与其就自然资本核算研究进行沟通，有助于确保评估的相关性、可靠性和实用性。

本次研究的评估目标是开放且多元化的，主要包括以下三个方面内容。

一是评估风险和机会。评估国家电网围绕西溪湿地的供电服务工作对自然资本的影响和依赖的性质和程度，并根据评估结果分析相关风险与机会，为电网运营决策的提升提供参考。

二是评估国家电网在助力西溪湿地保护与发展中提供供电服务的一系列实践价值。

三是通过信息披露，向内外部利益相关方传达和沟通企业对自然资本的影响和依赖，以获得更广泛的利益相关方的认可和支持，提升国家电网品牌价值。

为了保证本次核算案例分析的完整性，参照《自然资本议定书》指导，本次评估涵盖该运维场景下的活动对国家电网自身的影响、对社会的影响以及该运维场景下的活动对自然资本的依赖三个方面要素。在估值类型的选取上，采用定性估值、定量估值和货币估值相结合的方式。对于无法量化的指标采用定性描述的评估方式，对于可以量化的指标，若可以货币化，则采用货币估值，若无法货币化，则以物理单位进行定量估值。最后，对所有货币化数据进行核算，得到本次自然资本评估结果。

基线、场景、范围和组织焦点

在充分考虑目标受众关注的议题、对目标受众参与度进行梳理和分析的基础上，对本次自然资本评估进行确认。

基线是为西溪湿地提供能效管理、设备运维、电能替代等供电服务前的自然资本状态。

场景是采用“介入式”场景评估对西溪湿地提供能效管理、设备运维、电能替代等供电服务，给西溪湿地带来的自然资本变化，识别潜在风险。

评估的时间范围是 2016 年 1 月 1 日—2020 年 12 月 31 日，若有超出该时间范围的数据会特别标记和说明。评估的空间范围是总面积约为 11.5 平方千米的西溪湿地。

组织焦点定义为产品级别，即把西溪湿地供电服务工作视为供电公司提供的产品。

电力工作人员进行高空作业（奚琪城 摄）

影响和依赖实质性分析及自然资本变化识别

为了分析产品对自然资本的影响和依赖的实质性，梳理各项工作对自然资本的影响和依赖路径，并结合利益相关方意见，对自然资本的影响、依赖进行重要性排序、审核，最终确定自然资本的实质性影响与依赖。

首先，明确本次核算中具有实质性的影响和依赖的四项原则：

（1）可能产生较大成本或效益的影响和依赖，应当纳入实质性范畴；

（2）可能引起内外部相关方重大关切的影响和依赖，应当纳入实质性范畴；

（3）在（1）（2）两个前提原则下，为提高自然资本核算量化分析的可行性，优先将可获取定量、货币化所需数据的影响和依赖纳入实质性范畴；

（4）在（1）（2）两个前提原则下，为尽可能多地以货币化指标评估生物多样性保护的实践成效，优先将能通过市场估值法、价值替代法等直接估算方法获得货币化结果的影响和依赖纳入实质性范畴。

其次，进行自然资本影响和依赖的产生路径分析。

自然资本对本产品的影响路径。环保技术研发方面：能源管理、设备运维和电能替代产品的研发投入。

电力设施故障方面：受到湿地空气潮湿和地下水位高等因素的影响，可能导致电力线路和设施故障。

本产品对自然资本的影响路径。栖息地影响方面：通过电能替代使得西溪湿地的游船和游览车不再使用燃油发电，减少噪声、燃油泄漏以及污染气体对生态的影响。

供电可靠性方面：相关故障引发的供电不稳定影响生产与生活。

生态系统服务方面：生态系统服务在气候调节、身心愉悦、美学欣赏、休闲娱乐等方面的价值。

本产品对自然资本的依赖路径。资源方面：提供供电服务产品需要临时或长久占用土地资源。

杭州西溪湿地（吴海平 摄）

延伸阅读 关于影响路径和依赖路径

影响路径描述了作为影响驱动因子的特定业务活动是如何导致自然资本发生变化的，以及这些变化又是如何影响不同利益相关方的。如下图提供的关于空气污染的影响路径示例。这是工业中常见的典型非产品输出。企业的业务活动为工业化学品制造，排放的某些污染物导致空气质量下降，可能对不同人群产生重大影响，具体取决于当地环境。请注意，由企业活动所导致的自然资本变化有时也被称为“结果”。在下图中，实质性分析被用于确定空气污染是否能作为一种具有实质性的影响，以及哪些特定污染物与所引发的影响（健康受损）最具相关性。

依赖路径显示了特定业务活动依赖自然资本的特殊属性。它明确了可观察或潜在的自然资本改变如何影响企业运营成本 / 收益。如下图提供的关于使用咖啡植物授粉的依赖路径案例。由于森林砍伐导致野生传粉昆虫种群数量减少，造成了咖啡种植农户产量下降或额外成本增加，种植农户可能被迫购买商业授粉服务。在下图中，实质性分析用来确定与企业其他潜在相关的依赖相比，是商业授粉的额外成本对业务产生的影响大，还是由于缺乏自然授粉而使作物蒙受产量损失对业务产生的影响大[11]。

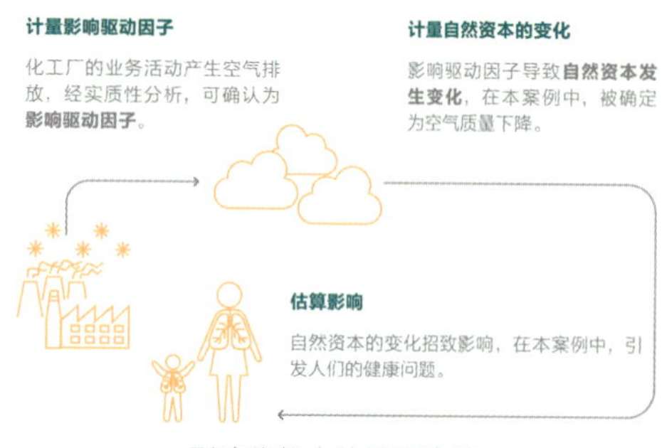

影响路径中的通用步骤

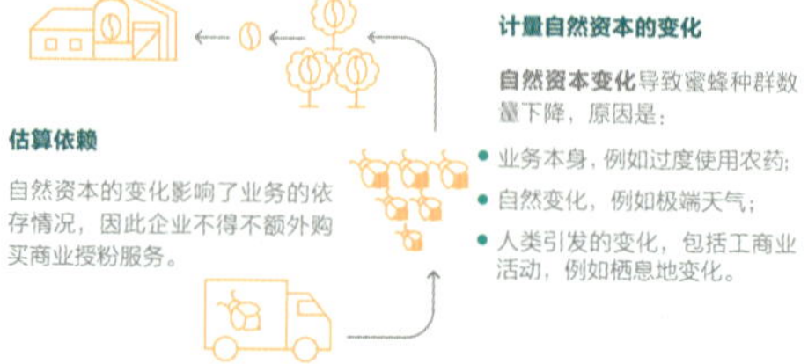

依赖路径中的通用步骤

对自然资本变化的识别主要从两个维度开展，一是识别与供电服务产品和影响驱动因子相关的自然资本变化，二是识别与外部因素相关的自然资本变化。将体现自然资本状态的变化指标与相应的影响驱动因子一一对应匹配，来确定自然资本在未来可能会发生的变化。

结合已识别出的影响 / 依赖、影响驱动因子和可能的自然资本变化，对每个影响和依赖进行核算指标确定。目的是通过明确指标来进行定量和货币化估算，若不能找到合适指标，则依据现有资料对该影响 / 依赖进行定性描述。

电力工作人员巡检电力设施（奚琪城 摄）

[11] 自然资本联盟 . 自然资本议定书 [M]. 赵阳 , 译 . 北京 : 中国环境出版集团 , 2019。

自然资本影响 / 依赖和自然资本变化识别

影响驱动因子 / 依赖⑫	自然资本的变化 / 自然资本变化对企业依赖性的影响	影响 / 依赖⑬
能源管理、设备运维和电能替代产品的研发投入	湿地生态系统变化（水体和空气质量的改善）	绿色运营
因湿地空气潮湿和地下水位高等因素导致的电力线路改造投入	—	电力线路和设施安全
电气化改造投入	游船及游览车不再使用燃油发电，减少噪声、燃油泄漏以及污染气体对生态的影响	电气化改造
停电时长	影响人类福祉	稳定供电
能源管理、设备运维和电能替代产品的碳排放	气候变化	温室气体
	影响物种数量和多样性	
临时占地	土地资源性质改变	土地资源利用
永久占地	土地资源性质改变	土地资源利用

注 表中“—”表示此项内容暂缺。

对具有实质性的影响和依赖估值

综合上述分析，按照实质性的重要程度以及数据的可获得性和准确性，对影响和依赖进行定性、定量或货币化评估⑭。其中货币化估值方法主要是市场和金融价格法、价值替代法两类。

电力工作人员检修电网线路（奚琪城 摄）

⑫ 这里的依赖是识别出企业的业务活动对自然资本的依存或利用。

⑬ 这里的“影响 / 依赖”是指根据影响驱动因子和依赖，以及自然资本相关变化，可以识别不同的变化引发的“对自身影响”的后果、对“对社会影响”的后果以及对“企业依赖性”的后果。比如自然资本的变化导致蜜蜂种群数量下降，因此企业不得不额外购买商业授粉服务，这属于因“企业依赖性”产生的后果。

⑭ 本项目正在执行过程中，一些定性、定量和货币化数据仍待测量、收集和完善。以下仅对有估值资料的影响和依赖进行逐项分析。

延伸阅读 关于构成完整的自然资本评估的“三要素”

构成完整的自然资本评估的“三要素”分别为：对自身影响（源于企业对自然资本的影响）、对社会影响（源于企业对自然资本的影响）、企业依赖性（企业从自然资本中获得的利益）。因为三要素通常与所有类型的企业应用有关，所以评估需尽可能的完整，这样才能保证满足企业应用评估结果的期望和需求。

对自身的影响

绿色运营。自 2016 年以来，能源管理、设备运维及电能替代的研发投入三项共计 45 万元。

电力线路和设施维护。电力线路巡护、维修和电力设备更新改造共投入 480 万元，线路投资共 600 万元。

电气化改造投入。电气化改造投入 260 万元，其中投入 6 台全新配电变压器（新增容量 4560 千伏安）、电动游船数量达到 101 艘、电动接驳车达到 37 辆。

对社会的影响

稳定供电。提供能效管理、设备更新和电能替代等供电服务，有效降低了因湿地空气潮湿、地下水位高引起的线路和供电故障。2020 年，因湿地特殊的地理特征导致输电线路跳闸故障较 2016 年减少 2 次，假设每次停电平均时长为 0.5 小时，则避免的电量损失约为 3101.69 千瓦时。已知每千瓦时损失为 23.24 元[15]，则电网稳定性提高相当于可避免约 7.21 万元的停电损失。

旅游观赏价值。提供能效管理、设备更新和电能替代等供电服务，有效提升了西溪湿地的生态旅游价值。2016—2020 年，旅游人数平均每年为 520.97 万人次，旅游收入平均为 3.74 亿元 / 年[16]。由于无法估算供电服务在其中的具体贡献比例，因此未将旅游收入纳入自然资本价值核算。

温室气体。使用市场和金融价格法对在西溪景区使用电动车、电动船的温室气体减排价值进行货币化评估。估算得出 2016—2020 年规定运营时间内柴油船和汽油车的化石燃料使用总量，根据 ISO14064 标准计算出相应化石燃料燃烧产生的碳排放为 6054.98 吨[17]。以市场价格法计算得出产生的碳排放价格为 48.44 万元[18]。

气候调节价值。生态系统服务在气候调节、身心愉悦、美学欣赏、休闲娱乐等方面的总价值为 11087.05 万元[19]。由于无法估算供电服务在其中的具体贡献比例，因此气候调节价值也未纳入自然资本价值核算。

---

⑮ 周莉梅，范明天．城市电网用户停电损失估算及评价方法研究 [J]. 中国电力，2006(7): 07。

⑯ 旅游人数及旅游收入年平均值由 2016—2020 年官方公布统计数据计算得到。

⑰ 张善峰，章锦伦，程玲玲等．保护或保护性开发：杭州西溪国家湿地公园生态系统服务净价值评估 [J]. 现代城市研究，2019(10): 012。

⑱ 根据柴油船和汽油车发动机功率折算化石燃料使用总量，通过运营线路长度和运营时长折算得出减排温室气体的价值。

⑲ 根据化石燃料燃烧产生二氧化碳量折算碳排放，以北京环境交易所 2021 年 10 月公布的碳配额交易均价（80 元）进行货币化估值。

土地资源利用。提供供电服务过程涉及土地的临时占用和永久占用。由于无法估算土地资源利用的具体成本，未纳入自然资本价值核算。

湿地保护区供电服务对自然资本影响 / 依赖价值评估

影响 / 依赖	评估指标	定性	定量	货币化（万元）
绿色运营	能源管理、设备运维和电能替代研发投入	—	—	45
电力线路和设施安全	电路巡护、维修和电力设备更新改造投入	—	—	1080
电气化改造	电气化改造投入	—	6 台全新配电变压器；101 艘电动游船；37 辆电动接驳车	260
稳定供电	因湿地特殊地理特征导致的输电线路跳闸故障减少	—	2 次	7.21
温室气体	游览车汽油使用量	—	1778.64 吨	14.23
	游览船柴油使用量	—	4276.34 吨	34.21
土地资源利用	占地面积	—	—	—

注 表中“—”表示此项内容暂缺。

局限性说明

本次自然资本评估未从项目起始时开始，故研究成果可能存在一定的局限性，特此进行说明。

评估指标局限性。受限于评估工作执行周期等因素，在实质性影响和依赖分析部分只进行了内部评估和小范围的相关方意见征询，未进行公开的利益相关方调研。未来可根据实际情况规划实质性调研问卷的发放，面向内外部利益相关方，按比例分层发放问卷，以增加实质性分析结果的信度和效度。

评估数据局限性。由于是初次尝试开展自然资本评估，并且是以回溯的形式进行研究和分析的，本次研究所使用的数据，在获取时可能存在一定局限性。首先，由于未检测或统计准确数据导致土地资源利用相关指标缺失。其次，由于部分指标无法获得第一手数据，只能通过参考外部资料进行评估核算，导致核算的社会效益数值与实际数值之间存在偏差，例如通过估算景区内游览车、游览船电能替代后减少使用的燃油量，估算出减少的温室气体排放产生的社会效益；通过停电导致的经济损失，估算出减少停电所产生的社会效益。再次，在旅游观赏价值和气候调节价值这两个指标中很难剥离出供电服务所占贡献比例，因此其社会效益数值未被纳入自然资本核算，这在一定程度上导致了核算结果的社会效益数值较实际偏低。最后，一些指标的货币化核算方法仍待进一步探索，如生物多样性保护实践帮助栖息地物种数量增加这一指标，为最大限度保证核算结果的客观和准确，暂未对其进行货币化核算，待掌握方法和数据底稿后补充完善。

在接下来的工作中，本案例将进一步征求专家和利益相关方意见进行技术改进和内容完善，也建议国家电网在建立自然资本评估指标体系的基础上扩大数据监测、收集范围，对年度数据进行及时收集、备案，解决数据的可获取性问题。本次案例分析中识别出的具有实质性的影响和依赖，亦将为国家电网及国网杭州供电公司在西溪湿地保护区提供供电服务等活动中更好地进行生物多样性保护、监测和管理提供支持和意见。

电力工作人员开展电网维护工作（黄辉 摄）

杭州夜景（王振 摄）

自然资本价值分析

本案例的自然资本价值分析包括两部分，即自然资本评估形成的货币化价值分析和暂时无法定量评估的非货币化价值分析。进行价值分析，一是为了检验国家电网对西溪湿地保护实践的成效；二是分析西溪湿地保护区供电服务对自然资源影响和依赖的程度，以期指导国家电网未来生物多样性管理工作的改进和完善；三是梳理总结暂未形成货币化结果的项目成效，并计划进一步挖掘或开发相关指标货币化核算方法。

货币化价值

基于自然资本核算得到的货币化结果进行评估分析，主要从企业成本与效益和社会成本与效益两方面考量。

企业成本与效益分析。本次评估中的企业成本体现在以下几方面：针对西溪湿地环境保护的需求，国网杭州供电公司投入 45 万元，用于为西溪湿地提供能效管理、电能替代、设备运维等供电服务的研发投入；投入 1080 万元用于西溪湿地电路巡护、维修和电力设备更新改造；投入 260 万元用于景区的电气化改造，推进全电景区建设，共计总成本 1385 万元。该成本是针对西溪湿地保护的直接投入，经过本案例分析，已经形成了对西溪湿地保护的相应成效。

与此同时，西溪湿地 2020 年用电费用较 2016 年增加约 1931.04 万元。这是西溪湿地保护实践为企业产生的直接效益，说明在与湿地保护区和谐共生的电网服务中能够达成提升电网运营效益的目的。

社会成本与效益分析。一般来说，企业活动对社会的影响多是由非产品输出产生的排放，这类影响主要产生社会成本。在本案例中，社会成本主要为供电产生的温室气体排放。由于城市电网的规划、建设和运营主要服务杭州的城市发展，为西溪湿地供电产生的温室气体排放导致的社会成本并不显著，故未纳入计算。

从外部角度来看，外部自然资源储量或状态的变化会导致国家电网项目建设或运营过程中自身成本的变化，而成本的变化则体现的是建设或运营活动对于自然资本的依赖程度，对自然资本的依赖形成企业成本。

本案例的社会效益主要体现在两方面，一方面，通过对西溪湿地电网供电稳定性的提高使得在 2020 年湿地特殊地理特征导致的输电线路跳闸故障较 2016 年减少了 2 次，避免停电导致的经济损失约 7.21 万元；另一方面，通过对化石燃料交通工具的电能替代可减少温室气体排放约 6054.98 吨，产生 48.44 万元的社会效益。

总成本效益分析。为了更直观地呈现国家电网在西溪湿地的供电服务对自然资本的影响、依赖及所产生的成本和效益，以 2016—2020 年为范围，选取了其中核心指标进行货币化对比分析。根据表格显示，产生的企业效益为 546.04 万元，社会效益 55.65 万元，总效益为 601.69 万元。

电力工作人员进行高空作业（戴翔 摄）

自然资本成本效益核算汇总

成本 / 效益归属	影响 / 依赖	指标	货币化(万元)
企业成本效益			
企业成本	绿色运营	能源管理、设备运维和电能替代研发投入	-45
	电力线路和设施安全	电路巡护、维修和电力设备更新改造投入	-1080
	电气化改造	电气化改造投入	-260
企业效益	电能替代业务收益	电能替代业务量增长	+1931.04
合计			+546.04
社会成本效益			
成本 / 效益归属	影响 / 依赖	指标	货币化(万元)
社会成本	土地资源利用	土地成本	—
社会效益	供电稳定性提高收益	避免的停电损失	+7.21
	绿色运营	电能替代	+48.44
合计			+55.65

注 表中“—”表示此项无法估值；“+”表示增加效益；“-”表示增加成本。

非货币化价值

除经过货币化核算的指标外，研究过程中也发现西溪湿地供电服务产品产生了一些暂时无法定量或货币化的正向价值，在此进行非货币化价值分析，一方面是呈现项目成效，另一方面也是梳理价值点，为未来继续探索定量和货币化核算的方法奠定基础。

国网杭州供电公司为西溪湿地保护区提供的包括能效管理、设备运维、电能替代等服务，有效保障了西溪湿地保护区的有序运转，为西溪湿地重现湿地自然生态风光、展现水乡历史文化积淀、发挥旅游观赏和生态服务价值做出了一定贡献。员工在参与西溪湿地生物多样性保护实践中也能够提升对自身工作的价值认同感，提高生物多样性保护意识，并为建设生态友好型电网积累宝贵经验。如今，西溪湿地凭借完善的基础设施和优美的生态环境吸引了诸多高校、企业落户周边，在丰富的自然资本基础上社会资本、人力资本、智力资本纷至沓来，成为环境效益和经济效益双丰收的成功案例。国网杭州供电公司也凭借在西溪湿地的供电服务和生物多样性保护实践吸引了媒体的广泛关注，新华社、《人民日报》等主流媒体正面报道了杭州西溪湿地改造的相关新闻，塑造了国家电网呵护西溪湿地、助力绿色发展的责任央企形象，赢得了社会各界的广泛信任和认同，有力彰显了国家电网的品牌价值。

延伸阅读 杭州西溪湿地经过全电景区改造获得广泛关注和媒体报道

2018 年，新华社刊发了《浙江推进“全电景区”建设》相关报道。

2021 年 6 月，《人民日报》刊发了《国网浙江电力 助力浙江高质量发展建设共同富裕示范区》相关报道，讲述了杭州西溪湿地经过全电景区改造，景区生态环境大为改善的故事。

2021 年 10 月，联合国《生物多样性公约》缔约方大会第十五次会议（COP15）在中国昆明召开期间，“浙电 e 家”微信号发表《神奇生物在西溪》，全面展示国网杭州供电公司深化“电力 + 生态”，把西溪变得更美的责任实践。

浙江推进“全电景区”建设

新华社

发布时间: 2018-09-21 17:16 新华社官方帐号

新华社杭州9月21日电（记者朱涵）记者21日从浙江海宁召开的浙江省清洁能源景区（全电景区）建设现场推进会上了解到，浙江省能源局、浙江省旅游局与国网浙江电力将合作开展“全电景区”建设，争取到2022年全省4A级以上全电旅游景区比例超过30%。

“全电景区”指通过实施“电能替代”提高景区电气化水平，将传统景区中的燃煤锅炉、农家柴灶、燃油公交等改造为电加热（制冷）、电炊具、电动汽车。

据了解，今年以来，浙江已启动全电景区建设84个，覆盖至所有地市，已初步完成杭州西溪湿地、嘉兴乌镇、湖州仙山湖、丽水仙都等53个旅游景区的全电景区改造。

据了解，国网浙江电力已编制《全电景区建设规范》和《全电景区建设指导手册》，涵盖建设内容、工作流程、商业模式、评价标准等，为全电景区建设标准化、规模化、精细化提供技术支撑。（完）

新闻报道截图

启示与展望

电网行业与生物多样性的关系相当密切，如何在确保电网正常运行、保障民生生活正常运转的同时，兼顾生态环境影响，尽量减少对电网设施所在自然环境的负面扰动，越来越成为电网企业参与生物多样性管理、履行社会责任的实质性议题之一。国家电网策划实施的针对西溪湿地保护区的供电服务，产生的社会效益大于企业成本，是国家电网积极维护生态平衡和生物多样性的典型实践。

启示一：西溪湿地保护区的供电服务产品是兼顾生态保护和经济发展的典型案例。城市的经济发展离不开完善的电网建设，同样也离不开良好的生态环境，如何保证电网在服务经济发展的同时尽可能减小对生态环境的影响，在生态环境保护与利用的结合中找到最佳平衡点，不仅是当今国家电网遭遇的挑战，也是建设美丽中国，实现“绿水青山就是金山银山”美好愿景的必经之路。在西溪湿地这样集城市湿地、农耕湿地、文化湿地于一体的独特湿地中，如何保证电网的平稳运营，同时最小化电网建设和运营对生态环境的负面影响，最大限度地追求经济和环境协同发展，国家电网的实践提供了一个优秀的典型案例。一是不断提升生态保护的意识和能力。国家电网在面临西溪湿地复杂的电网建设环境时，坚持把生物多样性保护放在第一位，主动增加电网建设和运维成本，真正将生态保护理念落实到电网实践中，既有效降低了复杂环境下电网设备的故障率，又满足了生物多样性保护的要求。二是使用先进工具评估实践成效，经过自然资本核算，明确具有重要实质性的影响和依赖，既能推动生物多样性管理能力的提升，也能支持国家电网对核算出的成本较高的指标针对性地开展生态补偿工作。

启示二：不断探索生态友好型电网建设模式是国家电网未来的努力方向。西溪湿地电网建设相关实践为重新认识和塑造电网建设与生态保护的关系提供了新的范例。事实上，电网建设和生态保护并非“零和博弈”，相反，二者是能够实现相辅相成、协调发展的，关键在于能否将生态友好理念融入企业的日常经营管理活动中。伴随着中国经济发展越来越追求高质量，越来越强调绿色发展，生态友好型电网建设也就越来越符合时代发展的潮流，越来越成为未来电网建设的目标方向。国家电网在西溪湿地的成功实践展示了重塑企业运营与生态和谐关系的可能性，期待有更多企业以此为契机，重新思考业务活动与生态保护和谐并进之道，以更富责任和创新的精神，推动企业和自然共同可持续发展。同时，也期待国家电网未来能够总结西溪湿地保护区电网建设的生物多样性保护经验，提升电网建设的生物多样性保护能力，催生更多生态友好的电力领域新技术、新标准、新流程，有效降低对生态环境的影响，真正把生物多样性保护转化为电网科学健康发展的内在需求，形成生态友好型电网建设的示范，最终实现生态效益、社会效益、经济效益的协调发展。

启示三：自然资本核算是推动企业开展生物多样性保护实践的重要助力。自然资本核算聚焦企业业务对环境和社会的影响和依赖，将目标受众的诉求纳入实质性议题筛选考量，是对传统的企业风险管理的一种有益补充，有助于企业从更广泛的利益相关方角度梳理未来可能面临的风险和机遇，通过实质性议题及货币化指标为企业管理者的经营决策提供重要参考。国家电网现阶段已经开展了一些自然资本核算方面的尝试，走在了全国前列。未来，还需要加强与科研机构、专业协会、NGO 组织等开展常态化合作，充分做好生物多样性方面的样方调查和科学评估监测，为自然资本核算奠定良好的数据基础，更好地指导企业管理经营决策。

生物多样性保护不是一蹴而就的，是需要经过几代人、几十代人甚至上百代人的不懈努力的。保护是一种态度，是一种过程，也是一种手段，在保护的基础上对生物多样性进行合理的利用，这也是人与自然和谐发展的必然要求。期待更多企业以更具前瞻性的眼光，更具责任和创新的精神，在复杂多变的环境中转型升级，呵护人与自然的命运共同体。

电力工作人员检查西溪湿地电动游船供电设备（求力 摄）

减碳增绿内河口岸

——浙江湖州内河流域岸电运维自然资本评估

国网浙江省电力有限公司湖州供电公司（简称国网湖州供电公司）是隶属于国家电网的供电企业，承担着为湖州市经济发展和人民生活提供安全、可靠、充足的电力供应与服务的基本使命。截至 2020 年年底，国网湖州公司共拥有 35 千伏及以上变电所 136 座，变电容量达到 1842.85 万千伏安，35 千伏及以上输电线路 350 条，线路总长 5502 千米。

湖州市是浙江省下辖地级市，下设 2 区 3 县，是长江三角洲中心区 27 城之一[1]、环杭州湾大湾区核心城市和 G60 科创走廊中心城市，地处浙江省北部，浙苏皖三省交汇处，东邻嘉兴，南接杭州，西依天目山，北濒太湖，与无锡、苏州隔湖相望，处在太湖南岸，东苕溪与西苕溪汇合处。根据第七次全国人口普查（以 2020 年 11 月 1 日零时为标准时点）统计数据显示，湖州市常住人口 3367579 人。湖州市是“绿水青山就是金山银山”理念的诞生地，是全国首个地级市生态文明先行示范区。

国网湖州供电公司以“绿水青山就是金山银山”理念为指引，聚焦于供应经济适用的清洁能源、应对气候变化、打造可持续的城镇和社区等可持续发展议题，通过开展“生态 + 电力”社会责任主题实践，全力为湖州提供稳定、清洁、

① 国家发展和改革委员会 . 长江三角洲区域一体化发展规划纲要 [Z].2019.12。

可持续的发展驱动力，是湖州实现可持续发展的重要贡献者与推动者。湖州电网是西电东送、皖电东送的主要走廊，华东电网东西连接的主要汇集点之一，境内已建设成为全国特有的各电压等级齐全、电网分布密集的电力枢纽区。

基于在履行社会责任方面的担当，国网湖州供电公司曾获得全国文明单位、全国五一劳动奖状、全国电力行业优秀企业、电力行业公众透明度“最佳责任沟通创新奖”“社区可持续实践卓越企业”和浙江省企业社会责任标杆企业等百余项荣誉称号。

电力工作人员进行高空作业

1000 千伏特高压变电站

湖州市生物多样性概况

流域，是指水系的干流或支流所经过的整个区域。流域内的一切动植物和人类之间都会相互影响，形成一定的流域生态环境[2]。湖州市境内的主要河流有西苕溪、东苕溪等，境边南接东苕溪上游，北濒太湖，东联大运河及黄浦江。域内水面面积为 536 平方千米，河道密度 2.6~3.8 千米 / 平方千米，其中河流、湖泊面积 496 平方千米，约占整个湖州市面积的 8.52%。

湖州市主要河流分布及航道情况

主要的河流分布

湖州市内的主要河流包括京杭大运河和源于天目山麓的东、西苕溪，纵穿横贯湖州全境。苕溪东经頔塘（申湖航道）流入黄浦江，向北则注入烟波浩渺的太湖。

[2] 袁榴红，从太湖流域生态环境谈湖州城乡规划发展 [J]，城市建设理论研究，2012（35）。

延伸阅读 京杭大运河

京杭大运河全长约 1794 千米，始建于春秋时期，至今仍在使用，它是世界上里程最长、工程最大的古代运河，也是最古老的运河之一；是中国古代劳动人民创造的一项伟大工程，也是中国文化地位的象征之一。大运河南起余杭（今杭州），北到涿郡（今北京），途经今浙江、江苏、山东、河北四省及天津、北京两市，贯通海河、黄河、淮河、长江、钱塘江五大水系，主要水源为南四湖。习近平总书记提出，要深入挖掘以大运河为核心的历史文化资源，保护大运河是运河沿线所有地区共同的责任。大运河对中国南北地区之间的经济、文化发展与交流，特别是对沿线地区工农业经济的发展起了巨大作用。

延伸阅读 苕溪

苕溪位于浙江省北部，是浙江八大水系之一，也是太湖流域的重要支流，因流域内沿河各地盛长芦苇，进入秋天，芦花飘散水上如飞雪，且当地居民称芦花为“苕”，故名苕溪。苕溪由东、西二条支流组成，因大小相仿，又称“姐妹溪”。苕溪干流长 158 千米，流域面积约 4576 平方千米，河道差距 779 米，平均坡降为 4.9‰。

湖州内河流域景观

航道及运力情况

根据《湖州市现代物流业发展战略规划》《湖州港总体规划（2005—2020）》等文件，湖州港区下设德清、长兴、安吉、吴兴、南浔、太湖旅游六个港区、24 个作业区，湖州市内的主干航道有长湖申线、湖嘉申线、京杭大运河、杭湖锡线和东宗线等，此外还有诸多的支线航道❸。2018 年以来，湖州市港航部门以深化运输供给侧改革为主线，以物流降本增效为出发点，持续优化运输结构。至 2020 年年底，全市四级及以上高等级航道里程已由 2017 年年底的 316 千米增至 345 千米，湖州港拥有生产泊位 771 个，年综合通过能力 1.49 亿吨。至 2020 年年底，运力结构持续优化，2020 年 1000 载重吨以上船舶的艘数和运力较 2017 年年底分别增长 74.5%和 84.6%，单船平均吨位由 2017 年年底的 499.4 载重吨提至 571.5 载重吨；港口货运平稳增长，湖州港连续四年位列亿吨港，2020 年完成货物吞吐量 1.22 亿吨，较 2017 年增长 15.9%；绿色运输更加明显，集装箱吞吐量由 2017 年的 35.4 万标箱发展到 2020 年的 55.8 万标箱，年均增速 16.4%。

内河流域具有丰富的生物多样性

内河港口港岸线及其水域往往是水深条件较好、水量较大、水资源情况较好的大江大河，而这些水域往往是淡水生态系统的重要组成部分，分布着诸多自然保护区，以及具有重要流域保护意义的生态敏感区，如重要水生生物的自然产卵场及索饵场、越冬场和洄游通道、天然渔场等。以浙江湖州苕溪水域为例，鱼类分布数量达 59 种，包括鲤、似鳊、鳘、刀鲚、蒙古鲌、光泽黄颡鱼等，其中鲤形目 37 种（占 62.7%），鲇形目 10 种（占 16.9%）。鲈形目 8 种（占 13.6%）。

此外，湖州苕溪水域还分布着众多的浮游植物。从湖州苕溪水域的浮游藻类采集来看，2015 年（开展运维活动前），共采集到浮游植物 42 种。其中，绿藻门 16 种，硅藻门 13 种，蓝藻门 8 种，甲藻门 3 种，裸藻门 1 种，隐藻门 1 种。

内河沿河岸带区域的河滩湿地往往也是鸟类等野生动物栖息的重要湿地生态系统，对维护生态平衡起着重要作用，也对保护人类生存环境具有重要意义。

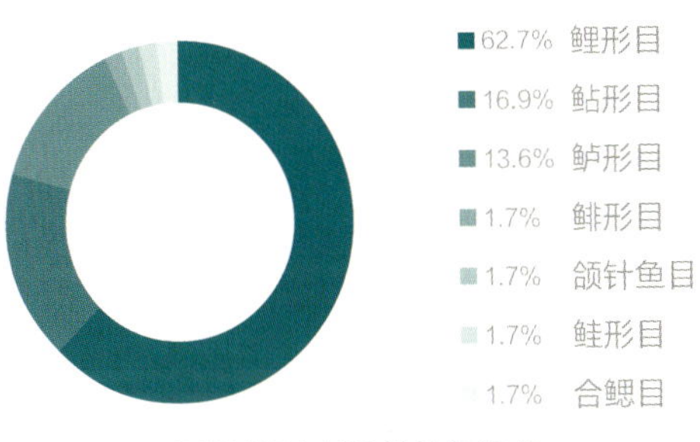

湖州苕溪水域鱼类种类组成

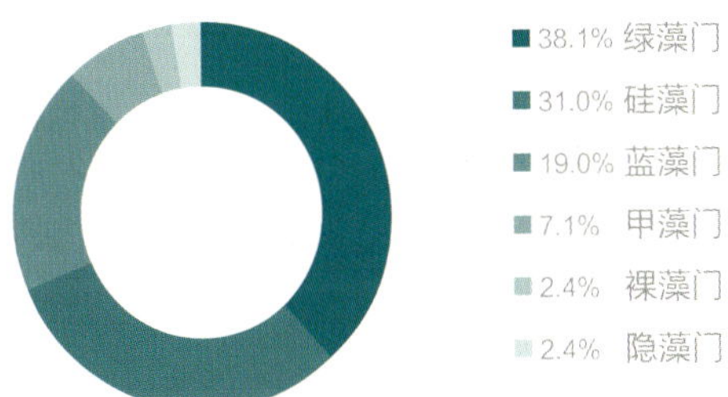

苕溪水域浮游藻类种类组成

❸袁文超．湖州市水运转型背景下内河航运码头发展的现状与对策 [J]. 经贸实践．2018(04)。

将绿色岸电送往湖州水面

生物多样性保护挑战

港口和航运业在推动社会经济发展的同时，其大气污染问题也日趋严峻。污染源包括废气排放、燃油泄漏污染、噪声污染等，对水生动植物的栖息环境产生较大影响。

国际海事组织相关研究表明，船舶辅机发电的燃料在燃烧使用过程中会排放二氧化碳、硫氧化物等，全球约 15% 的氮氧化物及 5% ～ 8% 的硫氧化物排放来自船舶❹。

当船舶停靠港口时，为满足部分装卸作业及船上冰箱、空调、洗衣机、热水器等生产生活用电需求，船上的辅助燃油（以柴油为主，以下简称辅机）发电机需 24 小时不间断发电。船舶停靠期间，传统的燃油供电方式受船舶自身设备质量、规模、品质等影响，或是因设备老化出现燃油泄漏情况，此外辅机发电作业过程中也会出现燃油跑、冒、滴、漏，对港口码头及周边水域造成污染破坏。❺

此外，燃油发电机运行期间还会持续产生大量振动和噪声，影响水体动物的听力，从而对水体动植物正常生长和繁衍产生负面影响。

燃油的使用对港口的生物多样性造成了复杂且难以估算的影响，需要以更具创新性和前瞻性的实践，平衡供电、用能、水域生态治理等多方关系，促进港口的电能替代，推进港口的用电结构升级，呵护人与自然和谐共处。

❹王贤，长江水道，“金色”日足 [J]，半月谈，2018（08）。

❺郭剑飞 . 船舶油污染的状况与防治 [J]，中国水运 , 2010。

停岸船舶通过辅机发电对水生态的影响

影响因素	产生原因	对水生态的影响
废气排放污染	• 船舶停靠港口期间采用辅机发电的燃料一般为重油、柴油，根据国际海事组织数据报告表明，其在燃烧使用过程中会排放二氧化碳、硫氧化物、氮氧化物和可吸入颗粒物等废气污染物	二氧化碳的过量排放是导致全球气候变暖的主要因素之一，气候变暖则会在不同程度上影响生物的发育速率和生存习性；空气中硫氧化物和氮氧化物是形成酸雨的主要物质，导致植物生理机能下降，影响植物正常生长；可吸入颗粒物会严重影响人类健康，特别是对人体呼吸道的损害尤为严重。据测算，一艘中型集装箱船靠港 24 小时，排放的 PM2.5 污染物相当于 50 万辆国四重型货车一天的排放量[6]
燃油泄漏污染	• 辅机设备由于老化或维修过程中造成泄漏，这些泄漏的燃料油最终混入机舱舱底水而被排入河流中； • 在辅机发电作业的过程中，燃料油跑、冒、滴、漏造成泄漏	导致水体种群数量、群落结构、群落多样性变化，破坏水体环境
噪声污染	• 由于内河流域港口长期有船舶不间断停靠，辅机运转时会产生较大振动和噪声	水生动物都有大致固定的噪声耐受阈值，环境噪声超过该阈值，动物会直接受到不可挽回的物理损伤；低于阈值，动物也会因听觉被干扰而改变动作和行为并可能产生更复杂的连锁反应，间接妨碍其生长和繁衍[7]。例如船舶噪声会降低鱼虾类动物繁殖速度和生长速度等。此外，噪声也会给周边鸟类等野生动物的栖息带来负面影响

延伸阅读 噪声在水中传播的方式

噪声在水中呈放射状传播，频率越高（波长越短），方向性越强，遇到阻挡物越容易被反射，遇到浮游植物等物体越容易被吸收（减弱）；频率越低（波长越长），方向性越弱，越容易越过尺寸小于其波长的物体向远处传播。在水下，高频大部分被水底地表及水生植物吸收；低频噪声因能够绕过尺寸小于其波长的物体传播，影响更为显著。

---

⑥朱润胜．为船舶大气污染戴上“紧箍咒”[N]. 河北工人报．2019-12-03。

⑦张华武，胡以怀，张春林．船舶水下噪声对海洋动物的影响及控制探讨 [J]. 航海技术．2013。

为此，湖州市港航局大力推进港口建设整治，由粗放式港口发展模式向集约化、专业化港口发展模式转型，完成码头的整改提升，并向绿色、智慧、可持续发展转型，于2016年10月成为全国首个也是唯一一个创建内河水运转型发展示范区的地级市。同时，湖州积极推进港口岸电建设，于2017年与国网湖州供电公司等单位合作，建立高效推进岸电建设的工作机制。岸电的建设可以实现靠岸船舶“以电代油”，从环境角度来看，靠岸船舶使用岸电后将有效避免因船舶辅机发电产生的环境影响；从经济角度出发，船用岸电在设计、建设和维护方面需要投入大量资金，但船舶业主使用了更为经济实惠的电力，可为其节省用能消费。因此，需要系统分析岸电建设对自然环境的影响和依赖，回应社区期待和诉求，满足经济、社会、环境三方面的协同发展需求。

延伸阅读 船舶岸电技术

船舶岸电技术是指允许装有特殊设备的船舶在泊位期间接入码头陆地侧的电网，从岸上电源获得其水泵、通信、通风、照明和其他设施所需的电力，从而关闭自身的柴油发电机，减少废气的排放。同时，船舶接用码头供电系统后，可消除自备发电机组运行产生的噪声污染，减小噪声扰民问题。这不仅是各港口可持续发展的重要举措，也是提高港口码头环境适宜度、建设环境友好型城市、促进城市与港口码头和谐发展的重要措施，具有巨大的社会影响力。船舶靠港时直接接用港口码头陆上电源，可以降低靠港船舶供电系统的运行和维护成本，提高能源利用效率，具有良好的经济效益。

岸电建设与运维对自然资本的影响和依赖

要素	岸电建设对自然资本影响 / 依赖
对电网企业的影响	• 环境合规成本 • 岸电建设和运维的成本投入 • 提升员工环境保护意识并融入业务中
对社会的影响	• 建设过程对社区影响，例如交通、噪声等 • 建筑施工废弃物 • 岸电对景观的影响
对自然资本的依赖	• 土地资源的利用（包括临时或永久使用土地） • 建设过程产生的能源消耗

岸电建设相关的自然资本风险主要体现在：可能与环境保护相关的纠纷，施工进度受生物多样性保护政策的影响，以及土地使用政策的趋严，这些方面均可能影响岸电建设项目的效益。此外，船舶业主使用岸电的积极性也将直接影响项目成效。在机遇方面，通过建设“绿色”的岸电，将带来明显的环境机遇，促进政府相关政策出台，进一步增强区域的绿色发展形象和企业的品牌形象，为企业发展带来更多效益。

国网湖州供电公司电力工作人员指导船舶业主使用岸电

生物多样性保护实践

2013 年，国家电网正式提出电能替代，大力推进“以电代油”。次年浙江省在全国率先提出创建国家清洁能源示范省，加快构建清洁低碳、安全高效的能源体系，推动新旧动能转换。国家电网积极实施电能替代战略，推进京杭大运河浙江段水上服务区的岸电全覆盖，实现靠岸船舶用清洁电代替燃油发电，为内河流域环境保护做出积极贡献。

共建内河水运转型发展示范区

国家电网充分整合港航管理部门、节能服务公司等各方资源，签订“绿色交通港口岸电工程”战略合作协议，发挥港航管理部门属地化优势、供电企业技术优势、社会企业资本优势，协调各方形成合力，共同助推创建国家内河水运转型发展示范区。为提升客户对于岸电的服务体验，为岸电树立良好口碑，国家电网还建立了绿色通道实现快速服务，实施港口岸电配电网建设快速响应机制和业扩报装绿色通道，简化配套电网建设项目管理流程，缩短业扩报装工作时限，确保岸电项目“无延时送上、无障碍接入”。

打造浙江省内岸电推广小联盟

国家电网打造基于“三方合作”(包括供电企业、港航管理部门、节能服务公司)与“互联网+岸电”的浙江港口岸电建设典型成果并及时总结形成可复制、可推广的经验做法，同时成立浙江省内岸电推广小联盟，以“三项机制”“三个统一”为抓手实现岸电建设的区域联动。

浙江省内岸电推广小联盟

促成“三项机制”，理顺浙江岸电合作模式

国家电网与各联盟单位积极协同，努力形成岸电建设与运营的三个协同机制：一是属地协调机制。全面构建“政企联动”的港口岸电工作机制，推行“岸电建设政府主导”及“政策处理港口包干”等模式，使项目管理属地化协调机制得以发挥其强大动力。二是联合考评机制。与各港航管理部门签订岸电建设政策处理责任书，把岸电建设项目的政策处理、前期工作纳入地方政府重点关注项目，进一步强化对属地乡镇(街道)的责任制考核。三是信息通报机制。定期实现信息互通，随时研究解决岸电建设及运营过程中存在的问题，实行“周通报、月例会、季考核、年总结”的定期沟通机制。

促进“三个统一”，化解岸电推广技术难题

标准化是实现岸电快速复制推广的关键，国家电网依托省内先行先试地区岸电建设的模式经验和技术经验，努力推动浙江省内岸电建设的工作模式统一、技术标准统一、工作平台统一，彻底解决岸电替代中的技术痛点，促进岸电在浙江省内的规模化发展。

统一模式加速推广，创建快速复制、高效推进的岸电建设模式

实现“设计定制化、设备模块化、施工标准化”；针对不同吨位的港口泊位，统一固化岸电设备容量、电网配套设施、计量方式等内容，为今

后的港口岸电互联互通奠定技术基础。统一标准促进规范。结合国际运输的发展趋势和船舶大型化发展目标，加快推进船舶岸电技术的标准化建设，参与制定 3 项国家电网企业标准，为岸电在全国范围内推广乃至在国际范围内的普遍运用创造条件。统一平台互联互通。建成岸电服务运营平台系统，促进政府部门、供电企业、运营商、岸电设备厂家、用户等群体之间的信息交换；整合调度信息，为船舶提供岸电导航、预约充电、便捷支付等个性化服务，提高岸电的使用效率，基本实现“一卡走天下，一个手机走全省”的“互联互通、高低兼备”的岸电服务运营模式。

形成京杭运河岸电推广大联盟

在推广小联盟的基础上，着眼全流域，全线带动京杭运河推广大联盟。国家电网联合上下游单位，包括国网北京、天津、浙江、江苏、山东电力及南瑞集团，促成交通运输部、国家能源局、国家电网三方形成的京杭运河岸电推广大联盟，合作开展顶层设计，共同推进京杭运河岸电全覆盖，以规模化建设助推岸电可持续发展。与此同时，国家电网积极推动政府主管部门完善配套政策，强化港口污染物排放的监测和控制手段。交通运输部、浙江省政府和国家电网先后出台《港口岸电布局方案》《浙江省岸电推广应用指导意见》等一系列有效政策，为岸电的推广应用创造良好的外部环境。此外，国家电网还积极争取交通运输部关于岸电建设的财政补贴，将所获补贴作为电费反哺船民，提高船民使用岸电的积极性，促进岸电发展的良性循环。

国家电网湖州供电公司电力工作人员指导用户使用岸电

京杭运河岸电推广大联盟示意图

塑造与传播岸电绿色环保价值

国家电网加大品牌化运作力度，把岸电建设与“五水共治”工作结合起来，对岸电的绿色环保价值进行大力塑造与广泛传播；把岸电推广与日常工作结合起来，做到客户经理业扩报装谈岸电、用电检查现场服务推岸电，实现全流域岸电的全覆盖；开展“大美运河绿色岸电”品牌活动，组织媒体、社会公众到港口参观走访，了解岸电替代对于整个京杭运河的环境贡献，形成全民了解岸电、支持岸电的社会氛围。

通过推进京杭运河岸电全覆盖履责实践，经历了从打造绿色岸电建设到成立浙江岸电推广小联盟、京杭运河全流域岸电推广大联盟三个阶段，最终促成交通运输部、国家能源局和国家电网三方共推“两纵一横”岸电发展战略，将京杭运河岸电全覆盖项目作为示范性工程，在全国更多流域、更大范围内复制推广。

湖州沿岸风光

湖州自然风光

湖州岸电运营自然资本价值评估

为量化国家电网建设岸电、履行生物多样性保护责任产生的环境效益，本案例选取京杭大运河湖州段，通过自然资本核算方法对其有实质性的影响和依赖进行定性、定量和货币化评估，并将核算研究和相关成果向利益相关方披露。

评估方法、目标和范畴

本次评估采用《自然资本议定书》中的方法学，识别、评估国网湖州供电公司船舶岸电建设项目对当地自然资本的影响与依赖，估算带来的自然资本状态和趋势变化，以定性、定量和货币化的方式评估影响和依赖的价值。在自然资本评估研究中，目标受众指的是生物多样性保护实践的参与者和监督者，以及使用评估结果的主要用户，即参与实践、阅读研究报告、使用研究成果进行决策参考的利益相关方。识别目标受众并与其就自然资本核算研究进行沟通，有助于确保评估的相关性、可靠性和实用性。

产品目标受众分析一览表

目标受众		诉求与期望	参与方式
内部目标受众	国家电网	• 有效落实电能替代战略 • 确保岸电施工和运营安全 • 为相关方带来实际成效 • 提升品牌美誉度	• 为岸电建设和运维提供必要的人财物支持 • 为岸电建设和运维提供组织管理支持 • 将案例成果作为企业管理决策的依据
	国网湖州供电公司	• 岸电设施具有较高的使用率 • 岸电具有良好的环境和经济效益 • 岸电有助于保护湖州内河流域生物多样性	• 落实相关要求，提供相关信息和数据支持 • 配合开展调研和访谈 • 推广本案例研究成果，使其得到广泛应用
	员工	• 良好的现场工作环境 • 人身安全 • 岸电设备可靠，检修工作少	• 岸电的建设和维护
外部目标受众	船主	• 合适的电费价格 • 用电的安全可靠	• 使用岸电代替辅机发电
	地方政府（包括港航管理部门）	• 有助于落实绿色发展理念，建设美丽中国 • 不额外增加船舶管理成本	• 审批岸电用地 • 提供船舶数据，为岸电设施建设提供依据
	码头管理单位	• 岸电设施的建设和运营能够由供电企业全权负责	• 作为重要相关方参与岸电建设，监督岸电建设和运维并提出建议
	周边社区（居民、学校等）	• 减少船舶辅机的发电噪声	• 监督岸电建设和运维，提出建议
	媒体	• 监督岸电的建设和运营活动	• 监督岸电建设和运维，提出建议 • 作为相关方传播岸电建设成效

本案例的评估目标是开放且多元化的，主要包括以下内容。

第一，评估湖州地区岸电运维对自然资本的影响和依赖的性质和程度，并根据评估结果分析相关风险与机会，为电网的运营改善提供参考。

第二，评估岸电建设对保护生物多样性实践的价值，反映通过岸电建设的环境保护成效，为湖州地区开展生物多样性保护管理和实践提供参考。

第三，通过信息披露，向内外部利益相关方传达和沟通企业对自然资本的影响和依赖，以获得更广泛的利益相关方的认可和支持，塑造国家电网负责任的品牌品牌形象，提升品牌价值。

为保证分析的完整性，参照《自然资本议定书》，本项目涵盖岸电运维场景下的活动对国家电网自身的影响、对社会的影响以及对自然资本的依赖三个方面要素。在估值类型的选取上，采用定性估值、定量估值和货币估值相结合的方式。对于无法量化的指标采用定性描述的评估方式；对可量化的指标，若可货币化，则采用货币估值，若无法货币化，则以物理单位进行定量估值。最后，对所有货币化数据进行核算，得到本次自然资本评估结果。

基线、场景、范围和组织焦点

自然资本评估的基线是 2017 年湖州开始建设岸电前的自然资本状态。场景是采用“介入式”场景进行评估。

评估的时间范围是 2017 年 1 月 1 日至 2020 年 12 月 31 日，若有超出该时间范围的数据会特别标记和说明。评估的空间范围包括湖州岸电线路布设及其运维活动所覆盖的区域。

在充分考虑目标受众的关注议题，对目标受众参与度进行梳理和分析的基础上，对本次自然资本评估的组织焦点、价值链边界和价值类型进行确认。组织焦点指本次评估的目标对象，定位为产品级别。价值链边界是产品直接运营的活动，即湖州内河流域岸电运维活动，包括京杭大运河、长湖申线、东苕溪、梅湖线等，覆盖港口包括湖州港、南浔港、长兴港、安吉港。

影响和依赖实质性分析

为分析岸电建设在湖州内河流域运维活动对自然资本影响和依赖的实质性，需要梳理岸电建设对自然资本的影响和依赖路径，并结合利益相关方意见，对自然资本的影响、依赖进行重要性排序、审核，最终确定自然资本的实质性影响与依赖。

首先，明确本次核算中具有实质性的影响和

依赖的四项原则：

（1）可能产生较大成本或效益的影响和依赖，应当纳入实质性范畴。

（2）可能引起内外部相关方重大关切的影响和依赖，应当纳入实质性范畴。

（3）在（1）和（2）两个前提原则下，为提高自然资本核算量化分析的可行性，优先将可获取定量、货币化所需数据的影响和依赖纳入实质性范畴。

（4）在（1）和（2）两个前提原则下，为尽可能多地以货币化指标评估生物多样性保护的实践成效，优先将能通过市场估值法、价值替代法等直接估算方法获得货币化结果的影响和依赖纳入实质性范畴。

其次，进行自然资本影响和依赖的产生路径分析。

湖州内河流域自然资本对国家电网的影响路径。

环保技术研发：研发和使用最新的岸电设备，需要成本投入。

电力设施故障：因自然因素导致电力设备发生故障。

市场业务开拓：内河流域环保要求为电能替代等市场的开拓提供机遇。

国家电网对自然资本的影响路径。环境保护：通过电能替代使得靠岸船舶不再使用辅机发电，减少噪声、燃油泄漏以及污染气体对生态的影响。

本项目对自然资本的依赖路径。岸电设施建设需要临时或长久占用土地资源。在建设岸电设施的过程中，需要消耗一定能源。

自然资本影响 / 依赖和自然资本变化识别

影响驱动因子 / 依赖	自然资本的变化 / 自然资本变化对企业依赖性的影响	影响 / 依赖
岸电技术研发、设备建设和维护投入	企业成本增加	岸电系统的研发、建设和维护
二氧化碳排放	影响物种多样性	减少船舶辅机发电产生的污染气体和粉尘
氮氧化物排放		
硫氧化物排放		
颗粒物排放		
噪声干扰	影响物种迁徙和生存	降低船舶辅机发电产生的噪声
生化需氧量	影响物种多样性	水生态影响
化学需氧量		
水生植物种类数量变化		
鱼类种类数量变化		
因使用岸电节约的费用	—	船舶能源使用成本
供电可靠性	影响物种多样性	稳定供电
临时及永久的占地面积	土地资源性质改变	土地资源利用

注 表中“—”表示此项内容暂缺。

对具有实质性的影响和依赖估值

综合上述分析，为了明确岸电建设及运维对自身的影响、对社会的影响和对自然资本的依赖的价值，综合影响和依赖后果分析，考虑指标实质性以及数据的可获得性，对已梳理出的影响和依赖进行价值估算，方法包括定性估值、定量估值和货币化估值。针对每个影响和依赖对应的指标，筛选适用的估值方法。对适用定量和货币化估值的指标，尽可能完成定量和货币化估值，为成本效益分析和企业后续管理提供数据支撑和基础。其中货币化估值方法主要是市场和金融价格法、价值替代法两类。

对自身的影响

岸电系统的研发、建设和维护。2017—2020 年共投入 1044 万元用于岸电的建设和维护，其中建设投入 824 万元，维护投入 220 万元，未在岸电研发方面投入财力。

对社会的影响

减少船舶辅机发电产生的污染气体和粉尘。截至 2020 年年底，已在湖州市城东水上服务区等 4 个水上服务区及旧馆等 8 个锚泊区建成岸电设施 137 套，覆盖港口包括湖州港、南浔港、长兴港、安吉港。累计用电量达 47.23 万千瓦时，减少燃油消耗 146.33 吨，减少排放硫氧化物 7.02 吨，氮氧化物 0.18 吨和细颗粒物（PM10、PM2.5 等）1.34 吨，减少二氧化碳排放 336.59 吨，约合 2.69 万元[8]。

降低船舶辅机发电产生的噪声。岸电设备替代船舶辅机供电，有效降低了船舶辅机在发电过程产生的噪声。

水生态影响。在京杭大运河的百亩漾、韶村漾、含山、乌镇监测点，长湖申线的小浦、金村埠、城西大桥、八里店、南浔监测点，湖嘉申线的鲍山、和孚漾、双林监测点开展生化需氧量（BOD）、化学需氧量 (COD) 实时监测并统计分析。生化需氧量（BOD）和化学需氧量 (COD) 的年平均值呈下降趋势，说明湖州境内的内河水质正在逐渐改善，水生物栖息环境趋势向好。

湖州地区生化需氧量（BOD）、化学需氧量 (COD) 统计

类别	2016 年	2017 年	2018 年	2019 年
生化需氧量（毫克 / 升）	13.49	12.91	11.65	10.52
化学需氧量（毫克 / 升）	2.22	2.27	2.32	1.83

[8] 根据化石燃料燃烧产生二氧化碳量折算碳排放，以北京环境交易所 2021 年 10 月公布的碳配额交易均价（80 元）进行货币化估值。

水生浮游植物的种类统计。2019 年调查共发现浮游藻类 44 种，硅藻门为 18 种，绿藻门为 11 种，蓝藻门和裸藻门各为 5 种，甲藻门为 3 种，隐藻门为 2 种。相比于 2015 年开展岸电活动前，2019 年湖州苕溪水域浮游藻类种类增加，类别占比分布更加均匀。

船舶能源使用成本。截至 2020 年年底，岸电累计用电量达 47.23 万千瓦时，减少燃油消耗 146.33 吨，累计帮助船舶节约用能成本 85 万元。

稳定供电。截至 2020 年年底，未发生岸电停电事故。

对自然资本的依赖

土地资源利用。项目对自然资本的依赖为占用土地资源及空间资源，岸电项目共占地 350 平方米。

岸电建设对自然资本影响 / 依赖价值评估

影响 / 依赖	评估指标	定性	定量	货币化（万元）
岸电系统的研发、建设和维护	岸电技术研发、设备建设和维护投入	—	—	1044
减少船舶辅机发电产生的污染气体和粉尘	减少二氧化碳排放量	—	336.59 吨	2.69
	减少氮氧化物排放量	—	0.18 吨	*
	减少硫氧化物排放量	—	7.02 吨	*
	减少颗粒物排放量	—	1.34 吨	*
降低船舶辅机发电产生的噪声	噪声分贝	达标	—	*
水生态影响	生化需氧量	呈现下降趋势	—	*
	化学需氧量	呈现下降趋势	—	*
	水生浮游植物种类数量变化	—	*	*
	鱼类种类数量变化	—	*	*
船舶能源使用成本	节约能源消耗	—	146.33 吨	85
稳定供电	停电时长	无停电事故	—	0
土地资源利用	占用土地面积	—	350 平方米	*

注 表中“—”表示此项不需填写；“*”表示此项内容暂缺。因本次自然资本评估项目仍在执行过程中，待测量、收集和完善后核算。

局限性说明

本次自然资本评估未从项目起始时开始，这使得研究成果可能存在一定的局限性，特此进行说明。

评估指标局限性。受限于评估工作执行周期等因素，在实质性影响和依赖分析部分只进行了内部评估和小范围的相关方意见征询，未进行公开的利益相关方调研。

评估数据局限性。本项目是初次尝试开展自然资本评估，并通过回溯的形式进行研究和分析的，所使用的数据在获取时可能存在一定局限性。比如水体内动植物数量的变化，以及相应减排货币化价值，因此对这些指标进行定性分析，这一定程度导致了核算结果存在偏差。另外，一些指标的货币化核算方法仍待进一步探索，如停电损失相关指标，为最大限度保证核算结果的客观和准确性，暂未对其进行货币化核算。

停靠在湖州内河流域码头内的船舶

湖州内河流域全电物流码头

自然资本价值分析

本项目的自然资本价值分析包括自然资本评估形成的货币化价值分析和暂时无法定量评估的非货币化价值分析。进行价值分析，一是为了检验项目的实践成效，二是分析项目对自然资源影响和依赖的程度，三是梳理总结暂未形成货币化结果的项目成效。

货币化价值

基于自然资本核算得到的货币化结果进行评估分析，主要从企业成本与效益和社会成本与效益两方面考虑。

企业成本与效益分析。本次评估涉及的企业成本主要是国家电网用于建设和维护岸电的1044 万元，包括建设投入 824 万元，维护投入 220 万元。本项目为企业带来的直接收益是电费收入。截至 2020 年年底，电费收入共 58 万元。

社会成本与效益分析。本项目涉及的社会成本主要包括对土地资源的占用，具体货币化数值有待核算。

总成本效益分析。综合对自身的影响、对社会的影响和对自然资本的依赖，虽然该项目总成本效益为负，但从长远来看，在岸电设施质量能够保证的基础上，本项目助力节约能源，减少污染传播，降低港口噪声，将持续创造环境效益，持续提升社区福祉。

自然资本成本效益核算汇总

企业成本效益			
成本 / 效益归属	影响 / 依赖	指标	货币化（万元）
企业成本	岸电系统的研发、建设和维护	岸电技术研发、设备建设和维护投入	−1044
企业效益	—	—	—
合计			−1044
社会成本效益			
成本 / 效益归属	影响 / 依赖	指标	货币化（万元）
社会效益	减少船舶辅机发电产生的污染气体和粉尘	减少二氧化碳排放量	+2.69
	船舶能源使用成本	节约能源消耗	+85
合计			−956.31

注 表中“—”表示此项无法估值；“+”表示增加效益；“−”表示增加成本。

非货币化价值

除经过货币化核算的指标外，研究过程中也发现本项目带来的一些暂时无法定量或货币化的正向价值，主要包括以下三方面。

改善区域环境。一是减少了噪声。一方面改善了水生物的生存环境，避免噪声侵扰，另一方面，也为船舶上的工作人员创造了更为舒适的生活环境，提高了船舶靠岸后船舶工作人员的生活质量。二是降低了污染气体及粉尘排放。“以电代油”后，二氧化碳、硫氧化物、氮氧化物和颗粒物等的排放量大大减少。三是减少了燃油泄漏对水体的污染。船舶辅机发电会产生不同程度的燃油泄漏，对水体的动植物栖息环境产生影响。岸电供电的方式将有效减少此影响。

助力塑造企业责任形象。开展岸电建设，可节约船舶靠港的供电成本，节省船舶自身发电设施的维护费用，同时提高港口能效，创造了经济、社会和环境的综合价值。本项目得到了当地政府、码头运营方、船舶运营方等的认可和支持，塑造了国家电网负责任的企业品牌形象。

提高用户岸电使用体验。国家电网积极建设港口岸电服务平台，完善岸电设备的互联互通和手机 App 的功能，所有岸电装置均采用标准化接口，可以实现人机交互、刷卡接电、实时结算，具有完善的硬件保护、远程通信及数据交互功能，用户只需要使用手机、App 或一张卡便可完成相关操作，极大地提升了用户的岸电使用体验。

延伸阅读 湖州岸电建设得到广泛关注和媒体报告

2019 年 8 月，浙江新闻视频介绍岸电建设情况。

扫码就能取电 湖州航区智慧岸电让船老大清凉度夏

2019-08-19 14:55 | 浙江新闻客户端 | 记者 吴朦燕 王艺濛 通讯员 姚雨露 林伟

视频报道截图

2020 年 6 月，《湖州推进全电航运助力长三角一体化绿色发展》刊发于人民网 · 浙江频道，介绍国网湖州供电公司实施全电航运生态工程的举措。

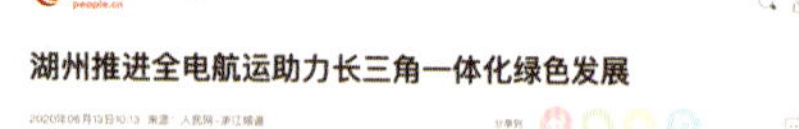

人民网 people.cn 人民网

湖州推进全电航运助力长三角一体化绿色发展

2020年06月13日10:13 来源：人民网-浙江频道

6 月 11 日，湖州市召开以“智慧能源，岸电云网”为主题的长三角全电航运能源供给绿色发展会议，来自政企研学的专家学者就全电航运关键技术、制度方案进行广泛交流研讨，积极推进全电航运能源供给绿色发展，努力打造绿色航运湖州样板。

当天，国网湖州供电公司联合湖州市交通运输局启动全国首个岸电设施及船舶政府监管平台建设，发布《内河港口岸电系统运营与维护规范》地方标准、《内河港口岸电系统建设与管理》专著等制度标准。

今年以来，国网湖州供电公司主动融入长三角一体化，推进长三角清洁能源供给和互联互通，大力实施全电航运生态工程，以电代油推动水路运输能源供给全电化，积极投入全电动船舶航动力能源研究，推广内河港口岸电装置和岸电云网服务，提升船民靠港生活品质，努力促进水路运输全程零排放。

为推动绿色航运在更大范围推广、更深层次互联、更智慧化互动，国网湖州供电公司、市港航管理中心联合启动岸电政府监管平台建设，依托智慧岸电云网，构建车船一体化运营服务平台岸电云网系统，通过广泛接入岸电设施数据，实现数据标准采集、统一储存，提供岸电设施、船舶、航道等政府监管、政策发布、信息展示服务及应用等功能，辅助政府开展岸电设施监管与决策支持。

为推动长三角地区绿色全电航运发展更加智能化、清洁化，国网湖州供电公司积极参与全国首艘纯电动内河集装箱船动力电池和充电技术研发。该船舶采用全电池动力推进，采用超千吨级设计，通过换电站换装电池的模式补给动力能源，共设集装箱锂电池组 4 套，整船电池容量达到 4320 千瓦时，相当于 120 辆电动汽车。按每年 150 次航行计算，年用电量在 64.8 万度左右，可替代燃油 29 吨，减排二氧化碳 646 吨。目前该船只已完成动力部分设计，建成推广后节能减排示范意义将进一步扩大。

同时，国网湖州供电公司积极推进首发智能低压小容量岸电桩应用。相较传统的充电桩，该桩除了优化电力资源配置外，互动供能和安全性能进一步得到提升，桩体具备漏电、短路、过压、过流、防雷、水浸、倾倒、消防、除湿等保护功能，可通过内置网联模块接入岸电云网，联网后可实现计费结算的互联互通、运行状态远程监控及异常事件的实时告警，满足内河沿江各种船舶停靠的用电需求。（刘东东）

（责编：王丽玮、戴谦）

《湖州推进全电航运助力长三角一体化绿色发展》文章截图

2020 年 8 月，《电力赋能城市绿色发展》刊发于人民网，介绍国网湖州供电公司积极推进港口绿色岸电工程，在京杭运河湖州段实现岸电全覆盖。

电力赋能城市绿色发展

人民网

发布时间：2020-08-30 06:30 人民网官方帐号

绿水逶迤去，青山相向开。浙江省湖州市牢固树立绿水青山就是金山银山理念，始终坚持生态立市，坚定不移走绿色发展道路。国网湖州供电公司立足湖州生态优势，以“生态 电力”为路径，将电力工业发展与城市生态文明建设深度融合，加速构建清洁低碳、安全高效的能源体系，提升社会综合能效水平。

绿色电能

为地方发展注入澎湃动力

近年来，湖州加快推进特高压建设，形成全长 110 千米、宽度不超过 600 米的特高压密集输电通道——“湖州廊道”，成为各电压等级齐全、电网分布密集的电力输送核心区。目前，“湖州廊道”额定输送容量 2980 万千瓦，是西电东送、三峡电力外送及皖电东送的主要走廊和华东电网东西连接的主要汇集点。

为保障特高压“湖州廊道”安全稳定运行，国网湖州供电公司积极探索人工网络、监测装置、直升机 / 无人机“三位一体”立体巡检模式，率先在特高压密集输电通道布局建设 5G 网络工程，联合江苏、安徽相关单位组建长三角特高压输电红色联盟，护航特高压“湖州廊道”安全稳定运行，保障清洁能源可靠输送。

此外，国网湖州供电公司还加大绿色能源供应，大力推进 ±800 千伏白鹤滩至浙江特高压直流工程和长龙山抽水蓄能 500 千伏配套工程，有效提高清洁能源比例。创新建立新能源集中管控平台，推进“光伏云网”试点，实现新能源“可视、可监、可管”。加强太阳能、风能等新能源发电项目的配套电网送出工程建设，实现新能源全接入、全消纳。

作为绿色发展的重要能源保障，国网湖州供电公司高质量推进各级电网协调发展，全面实施乡村电气化提升工程。在安吉开展乡村电气化建设，试点开展安吉“两山”示范区高弹性电网规划，将生态农网“一村一规划”全面纳入美丽乡村发展规划，“线杆融景、变台为景”，促进电网与“绿水青山”协调发展和深度融合。在建设中，注重构塑农村生态电网，合力推进“线乱拉”专项治理、架空线入地等，推动现代化的电力设施与古朴雅致的乡村环境相融合。

湖州积极引导重点耗能行业加大节能力度，推动燃煤等高污染燃料锅炉的整治淘汰，扩大生产领域的电能利用。2019 年，湖州市启动“生态 电力”示范城市建设，计划到 2021 年，电力在终端能源消费中的占比不低于 40%，新增电能替代量 7 亿千瓦时，形成一批可推广复制的“生态 电力”经验。计划到 2022 年末，基本形成应用场景丰富、系统平台完善、规则流程明晰、商业模式成熟的低碳发展生态圈，为湖州注入更加清洁、强劲的发展动能。

生态赋能

照亮全面小康新图景

在湖州市长兴县小浦镇，一条延绵 22 公里的全电动输送带穿越群山，将水泥熟料运送至水运岸电码头。这条“全电运输、全电仓储、全电装卸、全电泊船”的“全电物流”，年运输量可达 1050 万吨，全年可节约燃油 2026 吨，减少尾气排放 14278 吨，有效减轻了扬尘、噪音、尾气污染。

国网湖州供电公司积极打造绿色用能产业生态圈，推动能源数据共享，建立监测平台，汇集煤、油、气、电等能源数据，开展企业能耗和能效监测分析，推动产业升级与能源变革。德清县莫干山上星星点点的民宿群落基于“绿聚能”产业联盟，凭借智慧用能采集监测系统实施精准能效管理，加速推进能源综合利用。

追求绿色时尚，拥抱美好生活。在湖州，“全电厨房”“全电商铺”打造低碳节能文化新街区，促进智能科技元素与传统文化融合；物业、安防、家居、汽车充电融入以电为中心的新型能源体系，未来社区引领智慧绿色生活；世界丝绸之源钱山漾遗址所在的潞村探索用电设施的智能互联和家庭智慧用能，推动古村落焕发新活力。在安吉黄杜村的国家级万亩茶园，有了茶农双电源、“白茶专用”配变、集中炒茶区“三大电法宝”的助力，白茶年产值突破了 4 亿元。2019 年，全村人均收入超过 4.5 万元。

近年来，国网湖州供电公司积极推进港口绿色岸电工程，在京杭运河湖州段实现岸电全覆盖。截至目前，湖州航区共建设岸电设备 355 套，每年可减少燃油消耗 120 吨，减排二氧化碳 378 吨。从水上到陆地，从船舶岸电到新能源汽车充电，低碳的生活方式在湖州已成风尚。全面实施城区纯电动公交全覆盖行动，推进充电桩建设，为美好生活“充电”赋能。

绿色生活方式，还以另一种形式让老百姓生活越来越幸福。基于“互联网 供电服务”，国网湖州供电公司深化“最多跑一次”改革，探索水、电、气、网联动报装，实现“网上国网”“浙里办”线上“一网通办”，以办电“云上走”推动湖州服务共建共享。

《人民日报》(2020 年 08 月 30 日 06 版)

《电力赋能城市绿色发展》文章截图

启示与展望

电网企业在规划、建设、运行、检修环节都会涉及环境保护问题，与生物多样性的关系相当密切，如何在确保电网安全稳定可靠供电的同时兼顾环境影响，越来越成为电网企业参与生物多样性管理、履行社会责任的重要关注点。经过自然资本评估，发现开展岸电建设生物多样性保护项目，从长远来看产生的社会效益将大于企业成本，是国家电网助力联合国可持续发展目标实现，积极维护生态平衡和生物多样性的重要行动。

通过本次评估，证明国家电网港口岸电建设项目是推进企业与自然和谐发展的良好实践。本项目启示主要包括三个方面。

一是强化责任意识。主动发挥自身专业优势去解决社会问题。港口岸电的建设项目使靠岸船舶可以使用清洁的电力能源，有效减少了使用燃油辅机发电带来的环境污染，最大化地发挥了电网企业的专业优势，在为自身创造经济效益的同时，助力解决社会和环境问题，展示了国家电网履行社会责任的担当。

二是使用先进工具评估实践成效。经过自然资本评估，明确具有重要实质性的影响和依赖，既能推动生物多样性管理能力的提升，也能支持对核算出的成本较高的指标有针对地开展生态补偿工作。

三是电能替代将在缓解气候变化及生物多样性等全球问题中发挥重要作用。低碳环保和节能减排是经济社会发展的大趋势，也是后危机时代的商业机遇。电能替代在清洁能源消纳，节能减排等方面发挥着重要作用，将改变以往“高消耗，低效益”难以持续的模式，助力碳达峰及碳中和。

2019 年 1 月，交通运输部、财政部、国家发展改革委、国家能源局、国家电网、南方电网联合下发《关于进一步共同推进船舶靠港使用岸电工作的通知》，进一步加大船舶靠港使用岸电协同推进力度，推动绿色交通发展。通知要求，一是积极推进现有码头和船舶的岸电设施改造。各地交通运输主管部门应督促港口企业加快已建码头的岸电设施改造，2020 年底前完成《港口岸电布局方案》的建设任务，实现全国主要港口 50% 以上已建的集装箱、客滚、邮轮、3 千吨级以上客运和 5 万吨级以上干散货专业化泊位具备向船舶供应岸电能力的目标。二是推动重点区域的岸电设施建设。国家电网在推动京杭运河水上服务区岸电设施全覆盖的基础上，将继续在推动长江干线主要港口岸电设施建设方面发挥骨干作用。

下阶段，国家电网将提升岸电服务水平，开辟岸电服务“绿色通道”，建立提前介入、主动服务、高效运转的岸电项目服务机制，简化审批手续，加快岸电的增容接电速度，落实红线外供配电设施投资，协助港口企业协调相关部门加快红线内变电站、开关站建设，加速满足靠港船舶使用岸电的需求。积极建设“岸电云网”平台，快速推进长江流域岸电服务互联互通，为在全国更多流域、更大范围内复制推广提供必要条件，为世界生物多样性保护贡献中国方案。

附录

自然资本评估

什么是自然资本？《自然资本议定书》将自然资本定义为“地球上结合起来产生带给人们利益或‘服务’（流量）的自然资源存量，包括可再生和不可再生资源（如植物、动物、空气、水、土壤和矿物）”。术语“资本”和“存量”被用作隐喻，用来描述在经济中扮演角色的性质。自然资本存量的存储性和相互作用产生了一系列产品和服务，通过为企业和社会提供效益而创造价值。它不仅产生食物、水、能源、住所、药品及制造产品所需的原材料，还提供了不太引人注目但极为重要的调节、支持和文化服务，如清洁空气、调蓄洪水、调节气候、昆虫（动物）授粉和休闲娱乐。自然资本带来的利益流量（flow）可以是生态系统服务（源于生态系统的惠益，例如授粉、水和气候调节），也可以是非生物服务（不依赖于生态过程，而是来自地质过程，例如金属、石油和天然气）。同样，自然资源的存量可与精神价值紧密联系。

自然资本是所有其他资本的基础。社会资本、人力资本和金融资本的增加，很大程度上是通过使用和开发自然资本得到的。对自然资本进行核算有助于企业发现潜在的风险，以改进内部决策，建立基于自然的解决方案，应对气候变化等环境挑战。

自然资本与生物多样性有什么关系？本质上，生物多样性揭示了生命多样性，可以视为自然资本存量的生命组成部分。它包含三个层次：遗传变异的水平，存在的物种的多样性，物种种群或生态系统多样性。生物多样性与生态系统服务的提供之间存在着重要而复杂的关系。生物多样性影响生态系统服务提供的数量，质量和复原力。较少生物多样性的自然系统仍然可以产生生态系统产品和服务，但通常数量较少，质量较低且更易受到变化的影响。在许多方面，生物多样性可以被视为衡量自然资本存量的质量和复原力的一种方法[1]。

由此可见，生物多样性的存在对于自然资本的健康和稳定来说至关重要。它既是存量的重要组成部分，也是流量中“生态系统服务”的基础。生物多样性支持着诸如碳水循环和土壤形成等地球生态圈最基本的活动[2]。

为什么要保护并增强自然资本？人类消耗自然资源的速度已经超过了地球恢复资源的速度，并且还在不断加快。通过自然和社会资本的使用、开发和退化可以大大增加金融资本。

每个公司都会在一定程度上影响自然资本，并会遇到与这些相关的风险和机会。影响可能是负面的（如污染），也可能是正面的（如改善水质）。虽然影响更为普遍，但是许多企业在传统上没有认识到他们对自然资本具有依赖性，比如在生产的过程中需要用水。

所有的这些影响和依赖都为企业和社会创造了成本和收益。了解企业与社会之间的联系

❶ 赵阳，王影．企业为什么需要考量自然资本 [J].WTO 经济导刊 ,2018(09):48-50。
❷ 赵阳．情景分析法在企业核算生物多样性价值中的应用研究与建议 [J]. 环境保护，2020, v.48;No.679(08):56-61。

以及与之相关的风险和机会，能为更好、更及时的决策提供信息。

关于《自然资本议定书》。《自然资本议定书》（The Natural Capital Protocol，简称 NCP）由资本联盟（Capital Coalition，原名为自然资本联盟 Natural Capital Coalition）于 2016 年发布，旨在生成可靠、可信且可操作的信息，为企业决策提供支持。作为一个自然资本核算的标准化框架指导文件，《自然资本议定书》主要用来确定、衡量和评估自然资本的影响和依赖性，包括四个阶段、九个步骤及相关操作，兼顾实操性和科学性。

《自然资本议定书》建立在已有的一些帮助企业计量和估算自然资本的方法上，包括世界自然研究所、世界可持续发展工商理事会、子午线研究所 2012 年共同发布的《企业生态系统服务评估》，以及世界可持续发展工商理事会、世界自然保护联盟、普华永道等在 2011 年共同发布的《企业生态系统估值指南》。

《自然资本议定书》中文版的翻译出版由生态环境部环境保护对外合作中心（FECO）承担完成，并由阿拉善 SEE 基金会提供资助。该议定书具有较强的借鉴意义，正在被企业、NGO、大专院校等组织关注并使用。本次评估使用《自然资本议定书》框架下的方法学进行。

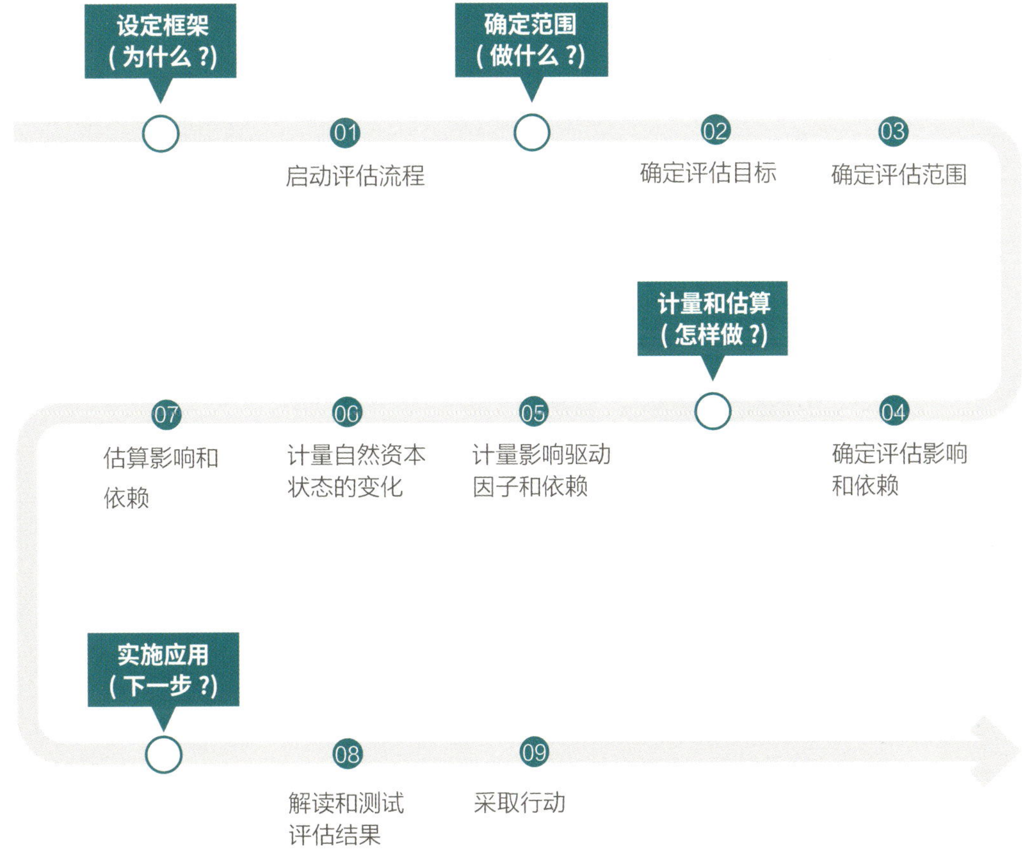

自然资本评估的四个阶段和九个步骤

词汇表

自然资源	自然资源包括存在于自然界中，可用于生产 / 消费的一系列物质。包括可再生资源和不可再生资源两类 • **可再生资源**：可永续使用的自然资源，前提是人类的开采利用不大于自然更新替代，允许存量自行恢复且没有其他重大干扰。可再生资源开发速度一旦超过大自然的自我修复能力，则实际上变得不可再生，例如，过度采伐可导致物种灭绝 • **不可再生资源**：在发挥效力的时间内，无法恢复再生的自然资源。不可再生资源被细分为可重复使用的资源（例如大多数金属）和不可重复使用的资源（例如燃煤）
生态系统	生态系统是由植物、动物、微生物及其非生物环境之间相互作用产生具有一定功能的动态复合单元。例如：沙漠、珊瑚礁、湿地和雨林。生态系统是自然资本的一部分
生态系统服务	使用最广泛的生态系统服务定义来自《千年生态系统评估》：“人们从生态系统中获得的利益”。生态系统服务被进一步划分为四类 • **供给服务**：自然界的物质输出（例如能源、海鲜、水、纤维和遗传物质） • **调节服务**：自然通过调节生态系统过程所产生的间接效益（例如碳封存、减缓气候变化、湿地净化水源、植物防治侵蚀和缓冲风暴潮、昆虫给作物授粉） • **文化服务**：来源于自然的非物质利益（例如身心愉悦、美学欣赏、休闲娱乐和其他） • **支持服务**：支持其他类型生态系统服务供应的基本生态过程（例如养分循环、初级生产和土壤形成）
组织焦点	包含在自然资本评估中企业的一部分或多个部分（例如：整个公司、业务部门或产品、项目、流程、场地或事件）。为简单起见，这些部分被归类为三个级别 • **公司**：在企业或集团级别上进行的评估，包括所有子公司、业务单元、部门、不同地区或市场等 • **项目**：对具有特定目的性的企业倡议、举措和行动开展的评估，包括相关项目地、活动、过程和事件 • **产品**：对企业某特定商品 / 服务所做的评估，包括生产使用的材料和服务

续表

价值链边界	包含在自然资本评估中的企业价值链的一部分或多个部分。为简单起见，《自然资本议定书》确定了价值链的三个边界：上游、直接运营和下游。对某产品整个生命周期的评估应涵盖所有三个边界 • **上游（从摇篮到厂门）**：涵盖供应商的活动，包括在市场购买和使用的能源 • **直接运营（厂门到厂门）**：涵盖企业直接控制运营的所有业务活动，包括拥有多数股权的子公司 • **下游（厂门到坟墓）**：涵盖与企业产品和服务的购买、使用、再利用、回收、再循环和最终处置相关的活动
基线	用来比较企业活动引起自然资本变化的起点或基准
场景	用来描述未来可能的故事线。探讨有关不确定未来的不同选择，例如，替代项目方案、经营惯例和可供选择的愿景
实质性	某种自然资本的影响或依赖作为支持决策的信息的组成部分，如果被纳入考量后，有可能改变该决策，则这种依赖或影响被认为是具有实质性的
影响驱动因子	用作生产、可计量的自然资源投入（例如建筑中使用沙子和砾石的体积），或业务活动的可计量的非产品输出（例如生产设施向大气中排放的一千克氮氧化物排放量） 影响驱动因子与影响不同。后者作为后果，是由于前者导致发生的自然资本数量或质量变化。单个影响驱动因子可能与多个影响相关联，即引发多种不同影响
影响路径	影响路径描述了作为影响驱动因子的特定业务活动是如何导致自然资本发生变化，以及这些变化又如何影响不同利益相关方
依赖路径	依赖路径显示特定企业活动如何依赖自然资本的特殊属性。它确定了自然资本可观察的或潜在的变化如何影响企业所开展业务的成本 / 收益

编写组

董毓华	汪华强	王楚东	王　瑛	方艳霞
富岑滢	张　蕾	宓振航	鲍巧敏	孔维禄
王　佳	周天宇	郑松松	王忠秋	